U0919471

down

放下，才能轻松前行

——佛经上说：“如何向上，唯有放下。”

林文力/编著

内蒙古出版集团 | 远方出版社

图书在版编目（CIP）数据

放下，才能轻松前行 / 林文力 编著. ——呼和浩特：远方出版社，2012.12

ISBN 978-7-80723-870-6

Ⅰ. 放… Ⅱ. 林… Ⅲ. 人生哲学-通俗读物
Ⅳ. B821-49

中国版本图书馆 CIP 数据核字（2012）第 302145 号

放下，才能轻松前行

著　　者　林文力
责任编辑　孟繁龙　王福
装帧设计　柏拉图创意机构
出版发行　内蒙古出版集团　远方出版社
社　　址　呼和浩特市乌兰察布东路 666 号
　　　　　（电话：0471-2236466 邮编：010010）
经　　销　新华书店
印　　刷　北京毅峰迅捷印刷有限公司
开　　本　710mm×1000mm　1/16
字　　数　260 千
印　　张　18.25
版　　次　2013 年 1 月第 1 版
印　　次　2013 年 1 月第 1 次印刷
标准书号　ISBN 978-7-80723-870-6
定　　价　29.80 元

前　言

从我们降生到世上的第一天起，就注定了要回答和实践人生这一并不轻松的课题。当我们深一脚浅一脚地行进在人生道路上的时候，我们不可避免地要遭遇压力、不幸、挫折、失败、打击、苦难、误解等，还有那些与生俱来或后天形成的对成功与幸福毫无益处的懒惰、自卑、清高、抱怨、自负、固执、计较、攀比，等等，这些都会成为我们前进道路上的包袱，如果不及时放下它们，这个包袱就会越来越重，使我们寸步难行，苦不堪言。

这么看来，人生大致可以分为两个阶段，前一个阶段是一个不断积累、不断体验、不断爆发的过程，而后一个阶段则是一个不断丢弃、不断内敛、不断删除的过程，直到最后，抵达人生的终点。所以说，学会放下是做人必须拥有的智慧。

佛经上也说："如何向上，唯有放下。"我们会发现，现实中那些享有成功和快乐的人，都遵守着这样一条法则，愈放下愈快乐。而那些死死抱着某些东西不放的人，则活得很累，没有丝毫的轻松愉悦可言。所以说，放下看似消极，实质却是积极的生活态度。放下无明我执，就是让我们认识世界；放下自我偏见，就是承认自己与众不同；放下爱恨情仇，就是让自己享受人生；放下生老病死，就是让自己活在当下。

放下的过程，也是得到的过程。当你紧握双手时，里面什么都没有；当你松开双手时，世界就在你手中。这便是放下的智慧。鱼和熊掌不可兼得，你会发现，要想获得快乐，就得放下烦恼和痛苦；要想获得长久的自由，就得放下贪婪和不合理的欲望；要想获得好人缘，就得放下清高和冷漠；要想获得事业上的成功，就得放下拖延、犹豫、依赖、懒惰……

放下是一门看似高深的学问，但在总结前人和今人成功或失败的经验教训的基础上，又变成了一门简单的人生艺术，使我们轻松就获得迈向成功的智慧，这无疑是一条捷径。为了让你领悟“放下”的奥妙，本书通过生动的故事和浅显的说理，揭示了人生中应该果断舍弃的东西。书中内容取材广泛，全面独到，具有较强而有效的指导意义。

一旦你学会了放下，在获得成功与幸福的同时，还能免去许多生活中不必要的烦恼和纷争，努力做好自己应该做的事，自由自在地发掘自身的潜力，坚定不移地奔向预定的目标，充分实现自己的人生价值。

放下，才能轻松前行

目录 CONTENTS

第一章　忘记过去

——明天将又有一轮新的太阳升起

1. 过去，人生没有回头路可走 / 2
2. 失败，离明天的成功不远 / 8
3. 是非，在沉默中让它消失 / 15
4. 成见，是他人的另一种理解方式 / 21
5. 不幸，是成长的阶梯 / 27
6. 苦难，磨炼你韧性的石头 / 33

第二章　生命不可承受之重

——放下包袱，活出精彩的自己

1. 力求完美，是自己对自己的刻薄 / 42
2. 面面俱到，比登天还难 / 48

3. 压力，化做前行的动力 / 52
4. 单打独斗，众人拾柴火焰高 / 59
5. 不认输，认输不等于屈服 / 66
6. 面子，是最不值钱的东西 / 71
7. 不知悔改，知错能改才是健全的人生 / 77

第三章　冷眼看尽繁华

——名利是伤人的猛虎

1. 房子，有爱人的地方就有家 / 84
2. 薪酬，衡量你价值天平 / 87
3. 金钱，金钱虽好，可不能贪恋 / 92
4. 名利，将你推入深渊的凶手 / 99
5. 索取，就是贪得无厌 / 103
6. 蝇头小利，别丢了西瓜去拾芝麻 / 107

第四章　平淡看待得失

——学会选择，懂得放弃

1. 得失，舍小是为了得大 / 114
2. 失恋，至少曾经爱过 / 118
3. 奢侈，财富是积赞出来的 / 125
4. 计较，让他三分又如何 / 130
5. 攀比，人比人、气死人 / 134

6. 稳定，却享受不到创新后的喜悦 / 138
7. 公正，公正才是骗人的鬼话 / 143
8. 年龄，成功没有年龄的界限 / 148

第五章　寻找心灵的港湾

——幸福就在转变处

1. 抱怨，就是无能的表现 / 156
2. 消极，是消耗你意志的牢笼 / 160
3. 固执，要明白只有变才能通 / 165
4. 浮躁，永远找不到心灵的净土 / 170
5. 自卑，没有正视自己的优势 / 176
6. 疾妒，就是一把双刃剑 / 183
7. 狭隘，宽恕别人也是解放自己 / 187
8. 宠辱，荣辱不惊真君子 / 193
9. 贪婪，人心不足蛇吞象 / 198

第六章　高处不胜寒

——有一种智慧叫弯曲

1. 高高在上，伟大才愿俯身 / 206
2. 清高，你将没有一位朋友 / 210
3. 不懂装懂，聪明反被聪明误 / 214
4. 自负，低调才是最好的炫耀 / 217

5. 盲从，不知自己想要什么 / 225
6. 敌视，拥有对手未必不是件幸事 / 228
7. 辩解，一切谜底都会不攻自破 / 235

第七章　求人不如求己
——我的命运我作主

1. 依赖，靠谁都不如靠自己 / 240
2. 拖延，不要总给自己开空头支票 / 244
3. 犹豫，看准了就动手 / 250
4. 嘲笑，一笑而过才是最好的结果 / 258
5. 羞怯，就是懦弱 / 264
6. 不适应，天地再宽也没有你容身之地 / 271
7. 懒惰，天上永远也掉不下馅饼 / 276

第一章　忘记过去
——明天将又有一轮新的太阳升起

美国诗人朗费罗说："不要老叹息过去，它是不再回来的；要明智地改善现在，要以不忧不惧的坚决意志投入扑朔迷离的未来。"所以不管我们以前获得过多大的成功或遭受过多大的挫折，这一切都成了尘封的往事。只有把握今天，走好自己脚下的路，唱出自己心底的歌，把头顶的阳光编织成五彩的衣裳，去遮挡风霜雨雪。从而让快乐的时光向你敞开，让花朵与微笑回归你疲惫的心灵，让愉悦成为今天的中心。才能让生命感知生活的幸福无边。

1. 过去，人生没有回头路可走

留恋过去的实质是逃避现实

现在，社会上有些人总是认定今不如昔，生活在今天，而志趣却滞留在昨日，一言一行与现实生活格格不入，他们的这种怀旧心理似乎不再仅仅是怀旧而已。

一般来说，怀旧心理的产生有客观原因，也有主观原因。从客观原因来看，由于社会各方面不断改革变化，社会地位与经济利益受到冲击的那一部分人，极易产生失落感，但又无能为力，只能通过怀旧的方式来表达对现实的遗憾。随着现代文明和大都市的大规模崛起，原有的生活环境在无情地解体。大城市里的人们告别了四合院、胡同、里弄，但又被困在钢筋水泥的框架中；在乡村，诗篇一样的田野不断被公路、铁路吞噬，工业污染了大地；电视使世界和人们接近，却又使人们的心灵彼此疏远。这一切都使一些人感到不适与恐惧。

从主观方面看，怀旧实质上是一种对现实生活的躲避和遁逃。怀旧是一种特殊的机制，它把我们所不想回忆的痛苦和压抑隐藏了、忘却了，以至于我们自己永远不会再想起。而另一方面，它又把我们过去生活中美好的东西大大强化了、美化了，以至于人们在几次类似的回忆后把自己营造的回忆当做真实。怀旧起源于个人的失落感，失落导致回首，以寻找昔日的安宁与情调。

怀旧还体现在一些外在形式，如一家酒楼，取名“老三届饭馆”，乍一看让人以为这是当年老三届聚会的定点餐馆。还有一些饭馆，取的是知青时期“向阳屯食村”、“黑土地酒家”、“北大荒火锅城”之类的旧名称。流行歌曲的歌词也越来越“土”，什么“篱笆墙”、“牛铃摇春光”、“向你借半块橡皮”，歌曲创作向童年、乡村延伸。

怀旧的人很依恋过去的事情，依恋过去的友人、恋人。他们保存着大量的旧照片、旧服装、旧书、旧报纸；给孩子取旧时代的名字；十分热衷搞同乡会、同学联谊会。有的男士女士，过去曾有过一段恋情，因故未成连理，如今已届中年，旧情萌发，开始“第二次牵手”。也有人很依恋过去的经历，过分看重过去取得的功绩，把获得的奖状、勋章、奖品保存得完好无损，时常追忆当年辉煌的经历。相比之下，现在这荣誉的光环正在逐渐消失，心里时常有失落感。

叹息昨天不如改善今天

美国诗人朗费罗说：“不要老叹息过去，它是不再回来的；要明智地改善现在，要以不忧不惧的坚决意志投入扑朔迷离的未来。”

当摩尔人被赶出格兰纳达的时候，他们坚信自己终有一天会回来，所以，他们锁上自己的家门，在离开的时候拿上家里的钥匙。但是，他们却再没有回去。我们所有人都拿着很多没用的门钥匙，但永远也不会再开启那些门。除了在喧闹的梦境之中，我们是无法回到过去的。

时间就是一座脆弱的桥梁，我们每迈过一步之后，它就已经变成过去，变成永恒。过去的已经过去，不再属于我们。

生命有它的各个阶段：青年、中年、老年。我们每走过一个阶段，那扇门就在我们的身后关上、锁上了，而门锁在门的另一边，没有人能够打开。

生命不能重复。我们没有回头路可走，说过的话无法收回，做过的事无法抹杀。我们曾经拥有的事物不是被别人剥夺，而是被锁了起来，变成了尘封的历史。

但是，我们还有今天，我们可以创造今天。当今天有朝一日被写成历史时，我们可以赋予其更深的意义，就好像一出戏的开头和结尾互相呼应一样。回忆过去不如奋飞今天，射出去的箭已经不能再回头了。"过去，过去，过去"，当你这么念叨的时候，现在就在你的念叨声中也成为了过去。

新年的夜晚，一位老人伫立在窗前。他悲凄地举目遥望苍天，繁星宛若玉色的百合漂浮在澄静的湖面上。老人又低头看看地面，几个比他更加无望的生命正走向他们的归宿——坟墓。老人在通往那块地方的路上，也已经消磨了60个寒暑。在旅途中，他除了有过失望和懊悔之外，再也没有得到任何别的东西。

年轻时候的情景浮现在老人眼前，他回想起那庄严的时刻，父亲将他置于两条道路的入口——一条路通往阳光灿烂的升平世界，田野里丰收在望，柔和悦耳的歌声四方回荡；另一条路却将行人引入漆黑的无底深渊，从那里涌流出来的是毒液而不是泉水，蛇蟒四处蠕动，吐着舌箭。

老人仰望夜空，苦恼地失声喊道："青春啊，回来！父亲哟，把我重新放回人生的入口吧，我会选择一条正路的！"可是，父亲以及他自己的黄金时代都一去不复返了。

他看见阴暗的沼泽地上空闪烁着幽光，那光亮游移明灭，瞬息即逝，那是他轻抛浪掷的年华。他看见天空中一颗流星陨落下来，消失在黑暗之中，那是他自身的象征。徒然的懊丧像一支利箭射穿了老人的心脏。他记起了早年和自己一同踏入生活的伙伴们，他们走的是高尚、勤奋的道路，在这新年的夜晚载誉而归，无比快乐。

高耸的教堂钟楼鸣响了，钟声使他回忆起儿时双亲对他这浪子的疼爱。他想起了困惑时父母的教诲，想起了父母为他的幸福所作的祈祷。强烈的羞愧和悲伤使他不敢再多看一眼父亲居留的天堂。老人的眼睛黯然失神，泪珠凄然坠下，他绝望地大声呼唤："回来，我的青春！回来呀！"

老人的青春真的回来了。原来，刚才那些只不过是他在新年夜晚打盹时做的一个梦。尽管他确实犯过一些错误，但眼下却还年轻。他虔诚地感谢上天，时光仍然是属于他自己的，他还没有坠入漆黑的深渊，还可以自由地踏上那条正路，进入福地洞天，丰硕的庄稼在那里的阳光下起伏翻浪。

如果我们永远都在为过去的时间追悔，而看不到现在的可贵，那么时间将没有一刻是属于我们的，因为时间是所有事物中最难下分界的、似是而非的；过去的已消逝，将来还未来临，而现在则在我们试图划分的时候，马上成为过去，像电光一闪，存在仅一刹那间。所以不要为已消逝的年华叹息，如果你错过太阳时流了泪，那么你也要错过群星了。

忘记该忘记的

昨天就像使用过的支票，明天则像还没有发行的债券，只有今天是现金，可以马上使用。今天是我们轻易就可以拥有的财富，无度挥霍和无端错过，都是对生命的一种浪费。活在昨天，活在记忆里毫无益处可言。

一个夏天的下午，在纽约的一家中国餐厅里，奥里森·科尔在等待着，他感到沮丧而消沉。由于他在工作中有几个地方出现错误，使他没有做成一个相当重要的项目。即使在等待见一位最珍视的朋友时，他也没有像平时那样感到快乐。

他的朋友终于从街那边走过来了，他是一名了不起的精神病医生。

医生的诊所就在附近，科尔知道那天他刚刚和最后一名病人谈完了话。

“怎么样，年轻人，”医生不加寒暄地说，“什么事让你不痛快?”对医生这种洞察心事的本领，科尔早就不意外了，因此他直截了当地告诉医生使自己烦恼的事情。然后，医生说：“来吧，到我的诊所去，我要看看你的反应。”

医生从一个硬纸盒里拿出一卷录音带，放进录音机里。“在这卷录音带上，”他说，“一共有 3 个来看我的人所说的话。当然没有必要说出他们的名字。我要你注意听他们的话，看看你能不能挑出支配了这三个案例的共同因素，只有 4 个字。”他微笑了一下。

在科尔听来，录音带上这 3 个声音共有的特点是不快活。第一个是男人的声音，显示他遭到了某种生意上的损失或失败。第二个是女人的声音，说她因为照顾寡母的责任感，以至于一直没能结婚，她心酸地述说她错过了很多次结婚的机会。第三个是一位母亲，因为她十几岁的儿子和警察发生了冲突，她一直在责备自己。

在 3 个声音中，科尔听到他们一共 6 次用到 4 个文字：“如果，只要。”

“你一定大感惊奇。”医生说，“你知道我坐在这张椅子上，听到成千上万的人用这几个字开头的内疚的话。他们不停地说，直到我要他们停下来。有的时候我会要他们听刚才你听的录音带，我对他们说：‘如果，只要你不再说如果、只要，我们或许就能把问题解决掉!’”

医生伸伸他的腿，“用‘如果，只要’这 4 个字的问题，”他说，“是因为这几个字不能改变既定的事实，却使我们面朝着错误的方面，向后退而不是向前进，并且只是浪费时间。最后，如果你用这几个字成了习惯，这几个字就很可能变成阻碍你成功的真正障碍，成为你不再去努力的借口。”

“现在就拿你自己的例子来说吧。你的计划没有成功，为什么？因为你犯了一些错误。那有什么关系，每个人都会犯错误，错误能让我们学到教训。但是在你告诉我你犯了错误，而为这个遗憾、为那个懊悔的时候，你并没有从这些错误中学到什么。”

“你怎么知道?”科尔带着一点儿辩解地说。

“因为,”医生说，“你没有脱离过去式，你没有一句话提到未来。从某些方面来说，你十分诚实，你心里还以此为乐。我们每个人都有一点不太好的毛病，喜欢一再讨论过去的错误。因为不论怎么说，在叙述过去的灾难或挫折的时候，你还是主要角色，你还是整个事情的中心人……”

在医生的开导下，科尔终于意识到，自己沉浸在过去错误的阴影中，还没有真正走出自我，并用积极上进的态度去改变现在的处境。医生告诉科尔，他患上了严重的“怀旧病”，而采用“如果，只要”这类字眼是“怀旧病”的重要特征。

正常的人都会怀旧，但是怀旧不等于一味地沉湎于过去而否认现在和将来。这世上再也没有什么能比今天更真实的了。

不要回避今天的真实与琐碎，走脚下的路，唱心底的歌，把头顶的阳光编织成五彩的衣裳，遮挡风霜雨雪。每一个日子都向你敞开，让花朵与微笑回归你疲惫的心灵，让欢乐成为今天的中心。如果有荆棘阻挡你匆匆的脚步，那也是今天最真实的痛苦。只有把握今天，才能让生命感知生活的无边快乐。

一句话感悟

生命不能重复。我们没有回头路可走，说过的话无法收回，做过的事无法抹掉。只有珍惜当下，不再虚度年华，去扩展生命的宽度。

2. 失败，离明天的成功不远

失败有时是自我心理暗示

人最怕的就是胡思乱想、自我设障，这不仅会让人失去理智，还往往会误入歧途。如果你常在心中对自己说：这样做可能不对，万一失败了怎么办。结果还没去做，就失去了信心，结局肯定会比你想象得还要糟。

在这种心理的暗示下，许多人常走进一种“自我失败”的思维模式中。在现实生活中，也有许多人会对自己做出一系列不利的推想，结果就真的使自己置于不利的境地。

拿破仑·希尔认为，不管如何失败，都只不过是不断茁壮发展过程中的一幕。

而失败者每逢事业失败，没等别人说，自己就会想：我失败了，从此阳光离我远去，我再也不会成功了。但是，如果你知道“一切都在不断茁壮发展”，你也许就不会沉浸于失败的黑暗之中，甚至还可以创造出另一个机会来，此时成功也不会离你太遥远。

很多时候，一个人的苦乐成败，不在于外物的左右，而在于自己的心态和看待世界的角度，如果你用悲伤的眼光看待生活，你的生活就会暗无天日；如果你用乐观的眼光看待世界，你会发现生活到处充满成功的喜悦。

张斌是一家铁路公司的调车员，他工作相当认真，做事也很尽责尽职，得到了老板和同事的肯定。

一天，所有职员都赶着去给老板过生日，大家下了班就急急忙忙地走了。由于操作失误，张斌不小心被关在一个待修的冰柜车里。他在冰柜车里拼命敲打着喊着，但全公司的人都走了，根本没有人听得见。他的手掌敲得红肿了，喉咙叫得沙哑了，也没人理睬，最后只能颓然地坐在地上喘息。他愈想愈害怕，心想：冰柜的温度只有－17℃，如果再出不去，一定会被冻死。他只好用发抖的手，找了笔纸来，写下遗书。

第二天早上，公司的职员陆续来上班。他们打开冰柜车，赫然发现张斌倒在地上，他们将张斌送去急救，但已经没有生命迹象。令人惊讶的是，冰柜车的冷柜开关并没有启动，这巨大的冰柜也有足够的氧气；更令人纳闷的是，柜子的温度一直是11℃，但张斌竟然给“冻”死了！

张斌并不是死于冰柜的寒冷，而是死于他内心的冰点，他在潜意识里给自己判了死刑。由此我们可以看出影响一个人意志的东西，不在于外界的环境，而在于自己的心。

年轻不怕失败

失败是你尝试做某件事却得不到理想的结果。害怕失败则是另一回事，它很可能让你一事无成。

1914年12月的一个夜晚，一场大火残酷地烧毁了托马斯·爱迪生的研制工厂，他因此损失了价值近百万美元的财产。第二天早晨，这位年已67岁的发明家徘徊在那将他的希望与梦想化为乌有的废墟之上，达观地说道：“看来灾祸也能给人带来价值，我们所有的错误都被烧掉了，现在我们又可以一切重新开始。”

爱迪生深深懂得人生的一个重要原则：几乎每一种结局（无论是好

的还是坏的）都受我们所持态度的影响。

有一名心理治疗专家，多年来研究过乐观者为什么快乐永驻，分析了数百名成功者的生活经历，得出了一些具有共性的结论。如果你也试用一下以下这些经受时间检验的办法，你将会更好地体现自己生命的价值。

（1）幻想未来的成功。乐观者总是在自己的脑海里构想自己成功的蓝图伟业。

有人曾经问一位世界级的射击手，他是如何在这一运动项目上获得成功的。他说："其中的秘密就是靠自己的精神状态，我每天都在自己的脑海中映现出自己射中高分时的情景。"

（2）从失败中寻找成功的机会。

"牛仔大王"李维斯在西部开发史中曾有这样一段传奇：

当年他像许多年轻人一样，带着梦想前往西部追赶淘金热潮。一天，一条大河挡住了他西去的路。苦等数日，被阻隔的行人越来越多，但都无法过河。于是陆续有人向上游、下游绕道而行，也有人打道回府，更多的则是怨声一片。而心情慢慢平静下来的李维斯想起曾有人传授给他的一个"思考制胜"的法宝，他来到大河边，"非常兴奋"地不断重复着对自己说："太棒了，大河居然挡住我的去路，又给了我一次成长的机会，凡事的发生必有其因果，必有助于我。"果然，他真的有了一个绝妙的创业主意——摆渡。没有人会吝啬出一点儿小钱坐他的渡船过河，他人生的第一笔财富居然因大河挡道而获得。

一段时间后，摆渡生意开始清淡。他决定放弃，并继续前往西部淘金。等他来到西部，四处都是人，他找到一块合适的空地，买了工具便开始淘起金来。没过多久，有几个恶汉围住他，叫他滚开，别侵占他们的地盘。他刚理论几句，那伙人便是一顿拳打脚踢。他只好灰溜溜地离开了。好容易找到另一处合适的地方，没多久，同样的悲剧再次重演，他又被人轰了出来。在刚到西部那段时间，他多次受到欺侮。终于，又一次挨揍之后，看着那些人扬长而去的背影，他又一次想起他的"制胜法宝"："太棒了，这样的事情竟然发生在我的身上，又给了我一次成长的机会，凡事的发生必有其因果，必有助于我。”

他真切地、兴奋地对自己反复说，终于，他又想出了另一个绝妙的主意——卖水。

西部不缺黄金，就缺水，可似乎没什么人能想到它。不久，他卖水的生意便红火起来。慢慢地，也有人参与了他的新行业，再后来，同行的人越来越多，终于有一天，在他旁边卖水的一个壮汉对他发出警告：“小个子，以后你别来卖水了，从明天早上开始，这儿卖水的地盘归我了。”

他以为那人是在开玩笑，第二天依然来了，没想到那家伙立即走过来，不由分说，便对他一顿暴打，最后还将他的水车也拆烂了。李维斯不得不无奈地接受现实，再次强行让自己兴奋起来，不断对自己说着：“太好了，这样的事情竟然发生在我的身上，又给了我一次成长的机会，凡事的发生必有其因果，必有助于我。”

他开始调整自己的焦点。他发现来西部淘金的人，衣服易磨破，同时又发现西部到处都有废弃的帐篷，于是他又有了一个绝妙的好主意——把那些废弃的帐篷收集起来，洗刷干净，就这样，他缝成了世界上第一条牛仔裤！从此，他一发不可收拾，最终成为举世闻名的“牛仔大王”。

（3）注重成功的可能性。有些人总是责怪外界环境的不利，“碰到这样的老板”，“与这样的配偶生活在一起”，“碰到这样的资金困难”，实际上，他们就是在表明他们无力改变自己生活的世界，如果他们相信自己无能，其结果当然也只能如此。而这些人应该发现，他们的行动完全可以使自己变得截然不同。

失败是人生的正常状态，在每一次选择之前，都要把失败的因素考虑在内。

某君是一家国有餐饮公司的总经理，他培养了许许多多部门经理，把自己的经营理念传授给他们，他把自己通过实践总结出来的经验告诉他们。后来，正是这些由他一手培养起来的人与他分庭抗礼，用他传授的办法与他竞争，最后将他经营的酒店挤垮。经过短暂的阵痛之后，他又重新注册了一家酒店，虽然有着过去的教训，但他依然真诚对待每一个员工。在大家的共同努力下，酒店的生意更加兴隆。

每当说起这些往事的时候，他会很豁达地说：“商场如战场，而人性中本来就含有一种可变的成分。我不会指责任何人有负于我，我想在做每件事之前，就该把人性中可变的成分考虑在内。”

人生是一连串“尝试”与“犯错”的实验过程。在我们学会某件事之后，接着就轮到自己试着去做了。第一次我们或许不会有理想的结果，所以我们第二次、第三次、第四次尝试……尝试次数越多，成果就越好。之后，我们再开始向更高难度挑战。每一次成功，就把我们的标准加高一层，事成之后的满足感也就越大。

只有这样，我们才会把眼光放高一些，超越我们的竞争者。之后我们再做尝试，鞭策自己不断地向更高的境界努力再试一次。

失败和成功一样，都是人生的插曲，就像输与赢，也是生活的一部分。重要的是去思考：如何才能不在同一个地方跌倒。

很多人都害怕失败，说来真是有点悲哀。这些人怕犯错误，怕自己做错事，怕结果不完美，所以干脆放弃尝试。结果呢？他们缩手缩脚，什么也做不了，失去了开创幸福人生的能力，让那辆通向成功的列车白白从身边驰过。

害怕失败的人，实际上绝不可能成事，因为他从未尝试过任何可能，也从未给过自己成功的机会。只有你亲自尝试，体验你从未经历过的事，你才能成功、进步。实际经验多了，成功的机会自然就多。只有把命运掌握在自己的手里，并持之以恒地努力奋斗，才有可能取得成功。

哪里跌倒，就从哪里重新起跑

生活中的每一个困难与挫折，都是上天赐予我们的检验自身的机会。所以，当我们跌倒时，不必惊慌与难过，只要在心里涌出勇敢的精神，鼓励自己站起来，掸掸身上的灰尘，然后继续前进。或许下一步，我们就能踏着沉稳的步伐，朝着人生的新目标前进。

安娜是一位著名的雕塑家，作品常年在一个很有威望的美术馆展出。馆长去世后，美术馆停业了。当时，安娜40岁刚出头，没有第二个美术馆愿意接纳她的作品，这个结果令她大吃一惊。她整整奔走了2年，结果仍是一无所获。她百思不得其解，是作品不够好，还是她的性情招人讨厌，抑或是老天在惩罚她早年的成功？她终日郁郁寡欢，无心工作。

一天，一位喜欢她作品的馆长对她说："你想知道，我为什么不展出你的作品吗?"安娜请求他说出来。他平静地看着她说："你太老了。"安娜当时不过才43岁，她简直不敢相信自己的耳朵。馆长解释说，他只喜欢两种人：不是初出茅庐者，就是十分成熟的艺术家，他们的作品价格合理而且可供批评家们来"挖宝"；而安娜两者都算不上。尽管馆长的这番话颇为伤人，安娜还是洗耳恭听。刹那间，她一切都明白了。

安娜痛苦地告诉自己："我在纽约也许再也找不到一个伯乐了。"她不再漫无目的地从这家美术馆奔走到另一家美术馆，她决定做自己的主人。如今，她为自己寻觅场地办展览，她邀请人们边喝咖啡，边欣赏她的作品。她不懂艺术的商业性，但学会了应对逆境的办法，有趣的是，她从未像现在这样成功。

爱默生说："伟大而高贵的人物最明显的标志，就是他坚定的意志，不论环境变化到何种地步，他的初衷与希望仍然不会有丝毫的改变，而终将克服障碍，以达到所企望的目的。"

"跌倒了再站起来，在失败中求胜利。"无数伟人都是这样成功的。

记住，从失败中吸取经验，振作精神，发奋图强，一切还得靠自己。下面是7项值得尝试的使人振作的方法。

(1) 发掘自己的优点。找一段安静的时间去发掘自己的优点，然后逐点用笔记下来。优点可以分类，比如，个人专长所在、做过什么有益有建设性的事、过去什么人如何称赞过自己、家人朋友对自己的关怀、受过的教育等，你一定会发现自己有许多优点，从而知道自己原来并不差。

（2）找出模范的目标。从生活或励志书籍中，找一个你最羡慕、最敬仰，希望自己可以成为他（她）那样的人做你的人生模范。这人可以是简·方达、居里夫人、钱学森或者你的叔叔，不管是谁，他们一定有值得你学习之处，他们也一定用过功、受过挫折、付出过代价，那么目前自己的一时失败，又算得了什么？

（3）肯定自己的能力。每天找出自己做成功的3件事，不要把“成功”看成得到诺贝尔奖那么大的事。成功可以是顺利跟牙医约了复诊时间，上班交通一路畅顺，处理的文件档案没有任何错误等。日常的工作都可以有“成功”与“挫折”之分，一天至少顺利地做了3件事，又怎能说“一事无成”、“一无是处”呢？知道能把事情做好，等于对自己能力的肯定，你可由此振作精神。

（4）盯着已做好的事。计算自己做好的事，不是检讨自己还有多少件事没有做。人还没做的事永远多过已做好的。如果老想着这个没有做，那个没有做，你会愈想愈沮丧，觉得自己能力低、无效率，大为失意。但已做好的工作开列出来，可是长长一张单子，能力还真的不小啊。能这样想，你立刻便信心大增。

（5）培养某方面兴趣。在自己的优点、专长、兴趣中，找一样（开始时一样就够了）来加以特别培养、发展，使之成为自己的专长。虽然还不是专家，但在小圈子中一提到某件事，大家都公认非你莫属了。专长不必太困难，如弹钢琴、变魔术那么高深莫测，可以简单如做蛋糕、剪头发、游泳、记电影的精彩台词……有了专长，就有机会做主角，做主角，自然神采飞扬！

（6）发掘自己的外在美。所谓人靠衣装，衣装固然指衣着，也指打扮，可以不必是名牌，但一定要清洁、光鲜、明亮、顺眼、不落伍，要做到这些，必须做得出众、大方。尤其在自己情绪低落时，更要穿得鲜艳明丽些，还得加上化妆及新剪的头发，这样不但自己的坏心情会因打扮而分散注意力，心情也生动活泼些。

(7) 与人和睦相处。使自己招人喜欢，受人欢迎，使别人觉得跟你做朋友十分有趣。要使自己受欢迎，确实要花些时间，如要多阅读，对一般事物有认识，否则人家讲什么话题都如云里雾里。同时又要关心别人，要“好相处”。有朋友，便有支持、有鼓励，一定能振作精神。

一句话感悟

人的一生最少要在情感上失恋一次，在事业上失败一次，在选择上失误一次……正所谓：“失败是成功之母！”只有经历过痛苦、挫折、困惑后才能使自己的内心变得强大，毅志更加坚定，从而在生活的巨浪中永立潮头。

3. 是非，在沉默中让它消失

是非天天有，不听自然无

生活中，有人的地方就会有谣言；有相信谣言的人，就有散播谣言之人的用武之地，所以，与其说谣言是由人捏造出来的，不如说是由人“信”出来的。

韩雪今年 26 岁，在一家金融单位工作。她性格开朗，待人热情，在单位人称“宇宙广播站”，上上下下没有她不说的事。

一天，单位的一位女同事无意中与她说起讨厌单位的某某领导。她没有多久就传播说这位女同事受到了某某领导的性骚扰，闹得全单位人心惶惶，关系十分紧张。

某某领导被上级纪检部门找去谈话，韩雪又把话传播出去，说该领导有严重问题，要被判刑了。

一位女同事哭着来上班，大家都忙着工作，韩雪却凑上去打听。那位女同事数落了丈夫一大堆的不是，讲了婆婆的很多坏话。她听了以后，传播说是因为丈夫外遇的问题，气得女同事几天不和她说话。

单位的一个女同事辞职了，韩雪听了大家的议论，不加思考，没轻没重地传播了很多花絮，涉及单位的很多人和事，闹得大家对她意见很大。现在只要韩雪一到单位，单位里的人都离她远远的，没有人与她说话。单位没有说话的机会了，韩雪就在家里“乱传播”，闹得家里亲戚关系也紧张起来，丈夫气得也不爱和她说话了。

谣言小可以使一个人失去大好前程，大了可以危害国家，而那些散布谣言的小人可以说是遍布在各个角落，令人防不胜防。相信谣言的坏处是：原本要好的一对反目成仇，原来并没有什么关系的人恶语相向。

当初魏国与赵国结盟，魏王指定直聪陪太子到赵国去做人质。直聪鉴于对魏王的了解及国内各种利害关系的全面权衡，知道此行凶多吉少，完成任务与否都对自己不利。可是王命难违，实在是知其不可为而强为之。

临行前他与魏王有如下一段对话：

“如果有人跑来告诉你，说闹市上出现一只老虎，大王相信吗？”

“我不会相信。”

“好，如果又出现一人来报告，说街上真的出现一只老虎，你会怎样？”

“我会开始怀疑。”

“如果第三次有人来报，街上出现老虎，你相信老虎出来了吗?”

“这时……我可能相信。”

直聪长叹一声：“大王，老虎不可能出现于大街闹市，这你本知道的。只是因有三个人反复来说，你就相信了。邯郸离我国很远，可见要知道邯郸的事，不那么容易，消息都是几经传去的了。我此次辞别大王，背后说三道四的人不只三人，这点请大王留意。若能给臣以信赖，不为谣言所动，臣无后顾之忧矣！”说完这番话，他便陪太子上路了。

他人还没到赵国，政敌就开始说他的坏话了。直聪陪同太子从赵国归来，魏王为谣言所惑，见都不愿见直聪一面。直聪不得已只好弃魏国而去。

可见，有时谣言的杀伤力是致命的。然而，人既然活在世上，就难免会不经意地陷入流言蜚语当中，这个时候，你愤怒、无助、孤独，但最终可能连对手也找不到。

俗话说，哪个人前不说人，谁人背后不被说，所以，当谣言已经发展到黑白不分时，就沉默吧！否则只会越描越黑，更增加人家“黑白讲”的资料而已，已经混浊的水，何必再费力去搅呢？越搅只会越混浊而已，越是费劲就越是难以澄清。

林肯说：“如果证明我是对的，那么人家怎么说我都无关紧要；如果证明我是错的，那么即使花10倍的力气来说我是对的，也没有什么用。”

不管怎样，生活中谣言始终围绕着我们，有关于别人的谣言，也有关于自己的谣言，假如你不幸被谣言的利刃刺中，一定要保持冷静，区别对待。与工作有关的谣言，可以在一定的场合里当众予以澄清；与个人有关的谣言，最好不予理睬，因为你无法解释清楚。不予理睬是最好的办法，泰然处之，光明磊落，任何谣言都会随风而去。

保护好自己的隐私

吴亮刚入职场时，怀着很单纯的想法，像大学时代对室友们无话不说一样，常将自己的一些经历及想法毫无保留地告诉同事。吴亮工作不久，就因出色的表现成为部门经理的热门人选。可他曾无意中告诉同事，他的父亲与董事长私交甚好。于是，大家对他的关注便集中在他与董事长的私人关系上，而忽视了他的工作能力。最后，董事长为了显示“公平”，任命了一个能力和他差不多的职员为部门经理。

其实，如果吴亮知道保护好自己的隐私，也许就能得到这个升职的机会。

某市对“上班族”进行了一次抽样调查，当被问到“什么是吸引你每天上班的理由”时，竟有相当一部分人在“不上班，就听不到许多小道消息、谣言、传言”一条中打了对号。这个结果既使人啼笑皆非，又令人深思。搬弄是非的人，是那些把不该传的话有意传来传去并品头论足的人。虽说古人早有“谣言止于智者”的忠告，但智者毕竟很少，谣言总是会被传来传去。言者捕风捉影，信口开河；传者人云亦云，添油加醋；闻者半信半疑，真伪不分；被害者莫名其妙，有口难辩。搬弄伤害他人的是是非非，若不是出于嫉妒、恶意，就是哗众取宠，自抬身价。不论是哪种情况，都应视为不光彩的行为。

同样，同事间相处，大家整天在一起，说话、谈论问题的时机很多，谁能保证这种交谈就一点也不涉及人与人之间的关系呢？又有谁能够做到每说一句话都思考再三，每一句话都是绝对与别人无关，且对别人一点褒贬都没有呢？基本上这是不可能的，关键是要实事求是，心地纯正。同事在特定场合说的话，不能全盘照“搬”。对于同事无意中说出的话，要学会“不当回事”。

同事毕竟是工作伙伴，同时又是竞争伙伴，他们不可能像家人那样完全包容你、体谅你。很多时候，同事之间最好保持一种平等、礼貌的伙伴关系。而一些个性化的东西，除体现在工作的创意中外，最好别表现得太淋漓尽致。一定要把握好保护隐私的尺度，但有些个人情况如个人爱好等，是可以拿出来和同事分享的。

切记，千万不要把同事当心理医生。比如，要好的同事可能会问你："最近和你女朋友的关系怎么样啊?"你可以大而化之地说"还行"。对方可能只是出于善意的关心，你最好也点到为止，不必作进一步的解释，识大体的同事肯定不会纠缠着问下去。

只要是在公司范围内，都不要谈论私生活；不要在同事面前表现出你和上司超越一般上下级的关系；即使是私下里，也不要随便向同事谈及自己的过去和隐秘思想。如果和某个同事已成了朋友，也不要常在其他同事面前表现太过亲密；对于涉及工作的问题，要公正，有独到的见解，不拉帮结派。有些同事喜欢打听别人的隐私，对这种人要"有礼有节"，不想说时就礼貌而坚决地说"不"，千万不要把分享隐私当成打造亲密同事关系的途径。同事也是由形形色色的人组成的，都有着善良和平常的心计。我们不妨学着换位思考，站在同事的角度想一想，也许更能理解为什么有些话不该说，有些事不该让别人知道。全面地看待问题，会有助于你权衡什么该说，什么不该说。因此，我们应该适当地保护自己，保护自己的隐私，这也是保护自己的前程和交际安全。

推己及人，莫论他人是非

避免谈论别人的隐私，一是不可在谈话中拐弯抹角地刺探别人的隐私，二是不可知道了别人的一点点隐私就到处宣扬。宇宙之大，谈资无所不有，何必非要把他人的隐私当做谈资呢?

对待别人的隐私，要切忌人云亦云，以讹传讹。首先你要明白，你所知道的关于别人的事情不一定确凿无疑，也许另外还有许多隐情你不了解。要是你不加思考就把听到的片面之言宣扬出去，难免不颠倒是非、混淆黑白。话说出口就收不回来，等事后你完全明白了真相时才后悔不迭，但此时已经在同事之间造成了不良影响。

事实上，人与人之间的关系相当复杂，如果你不知内幕，就不可信口雌黄，以免招惹是非。

现实生活中有一种人，专好推波助澜，把别人的隐私编得有声有色，夸大其词地逢人就说。人世间不知有多少悲剧由此而生。你虽不是这种人，但偶然谈论别人的隐私，也许无意中就为别人种下了祸患的幼苗，其不良后果并非你所能预料的。

所以，如果有人向你说某人的隐私，你唯一的办法是，像保守自己的秘密一样，不可做传声筒，并且不要深信这片面之词，更不必放在心上。说一个坏人的好处，人们听了最多认为你是无知；把一个好人说坏了，人们就会觉得你心存不良。

如果你茶余饭后要找谈话的资料，那天上的星河、地上的花草，无一不是谈话的好题目，不必一定要说东家长西家短才能打发时间。

要是朋友愿意将自己的隐私告诉你，说明你们之间的友谊肯定超出一般，否则他不会将自己的隐私全盘向你托出。

一旦朋友在别人口中听到自己的秘密被曝光，不用说，他肯定认为是你出卖了他，并为以前的付出和信任感到后悔。因此，不随意泄露他人隐私，是巩固友情的基本要求，如果这一点做不好，恐怕没有哪个朋友敢与你推心置腹。

不要过分关心并谈论他人的隐私。关心他人如运用得当，会为自己的人际关系起到润滑作用；但若过于主动介入他人的隐私并加以评点，就会引起人们的厌恶感，把你和“长舌妇”等同起来，这岂不冤枉？

尊重隐私，就是尊重人，我们应该把主要精力用在关心自己的发展、社会的发展上，而不要把兴趣放在他人的“隐私”上。尊重隐私，就意味着我们自身的行动要自重。因为隐私绝不意味着不要规范地随心所欲，绝不意味着不要法纪，胡作非为。若一个人以尊重隐私为幌子，处处与社会唱反调，处处与社会公德过不去，做一些缺德违法的事，那么，这种个人的“自由”还是要被管制的。

一句话感悟

俗话说，哪个人前不说人，谁人背后不被说。当是非到了黑白不分时，我们要学会光明磊落，泰然处之。要坚信的是：任何是非都会随时间的推移而真相大白。

4. 成见，是他人的另一种理解方式

所谓成见

心怀成见者，看待人与事时仿佛戴着一副有色眼镜或变形眼镜，而他所看到的人与事也就失去了本来的颜色或面目。因此，“戴着有色眼镜看人”，也就成了一句批评心怀成见者的名言。

如果把成见比作荆棘，那么，一个人幼小时所接受的父母偏颇的灌输，成年后所受到的种种欺骗式的宣传，以及人生道路上的种种挫折和遭遇，都会在他的心田种下荆棘之苗。因此，人到了一定的年龄，如果不及时根除这些荆棘之苗，心中就会长成一片茂密的荆棘之林。

曾几何时，电影或戏剧中的反面人物，无不是相貌丑陋，正面人物无不是相貌英俊，于是不谙世事的少年儿童，心中便会形成一种成见，认为相貌丑陋的人，其心灵一定丑恶，相貌英俊的人心灵一定美好；而有了这种成见，就可能将貌丑者善意的帮助视为恶意的欺骗，而将貌美者恶意的欺骗视为善意的帮助。

古往今来，关于继母刻薄寡恩、虐待前妻子女的故事很多，故在人们心中形成了一种成见，认为继母绝不会疼爱前人的孩子。有了这种成见，即使继母有疼爱前人孩子的表现，也会被视为“作秀”；她们对孩子实施的管教，也会被当做虐待的证据。由此可见，成见的荆棘一旦在我们心中生根，便会蒙蔽我们的心智和眼睛。

被成见的有色眼镜遮住双眼，或被成见的荆棘占满心胸的人，与人相处时，不是无端怀有戒心，便是随意冤枉无辜，同时由于受成见所囿，对事物缺乏正确的判断力，因而很难融入他所怀有成见的群体。故成见太多的人难有挚友，多是孤家寡人。当然，一个人的品行和能力一旦在别人的心目中形成某种成见，也很不妙。

比如，由于报端屡次刊登保姆偷盗主人财物的新闻，使得一些人对保姆怀有成见，认为她们手脚不干净。有些人甚至像防贼一样防备保姆，白天上班将保姆和孩子锁在家里，下班后才许其出门。某女士家中少了几百元，便疑为保姆所窃，但因无证据，又不好明说，于是保姆的一举一动都让她感到像个贼。保姆进屋，该女士要监视，看她是否偷东西；保姆出门，该女士要盯梢，看她是否拿了家里的东西到外面去卖。她的怀疑令保姆深感委屈。后来，她的儿子承认是他拿了那笔钱到网吧玩游戏，保姆这才得以洗去不白之冤。

有人将一首老歌填上新词，歌词中有“小农意识要去掉，说话粗鲁让人受不了”、“装修进了房主家，手脚不净就要犯事了”、“不准随地大小便，刮胡子剃头天天要洗脚”等语，可以说是城市人对民工所怀成见的集中反映。正因为如此，外来的民工被视为“治安隐患”、“为城市文明抹黑的人”。哪里治安状况不好，就说是民工造成的；哪里卫生环境差，就说是民工糟蹋的。总之，在一些城市人的眼里，民工都是些肮脏邋遢、说话粗鲁、不讲文明，并且好干违法勾当的人。而民工要想改变这种成见，不知要经过多长时间，付出多大的努力！

卢梭有言：“人类的真正感情，最不应该让成见给束缚了。”然而，我们最不应该让成见束缚的感情，却常常为成见所束缚。特别是那些脑袋里塞满先入之见而又不自知的人，无论干事识人均凭经验的圈子去套的人，要想让他们客观地看待人或事，就像让他们脱胎换骨一样难。胡适在与友人谈治学时曾说，要“心平气和，虚心体察，平心考查一切不合己的事实与证据，抛开成见，跟着证据走，服从证据，舍己从人”。这一方法如果用于为人处世，倒是可以帮助我们抛开有色眼镜，铲除心中成见的荆棘。

第一印象的微妙作用

一位心理学家曾做过一个实验：他让两个学生都做对 30 道题中的一半，但是让学生 A 做对的题目尽量出现在前 15 题，而让学生 B 做对的题目尽量出现在后 15 道题，然后让一些人对两个学生进行评价：两相比较，谁更聪明一些？结果发现，多数人认为学生 A 更聪明。这就是第一印象效应。

第一印象效应是指最初接触到的信息所形成的印象对我们以后的行为活动和评价的影响，实际上指的就是“第一印象”的影响。第一印象效应是妇孺皆知的道理，为官者总是很注意烧好上任之初的“三把火”，平民百姓也深知“下马威”的妙用，每个人都力图给别人留下良好的“第一印象”……

而下面与第一印象有关的两种现象，对于偏见的形成起着至关重要的作用。

（1）光环效应

光环效应，指的是在人际关系相互作用过程中所形成的一种夸大了的社会印象。在社会心理学中，由于对人的某一品质或特点有清晰的知觉，印象深刻突出，从而掩盖了对这个人其他品质和特点的印象，叫做“光环效应”。那些一开始便被强烈知觉的品质或特点，就像月亮形成的光环一样，一圈一圈地向周围弥漫、扩散，掩盖了其他的品质或特点，所以又形象地称它为“晕轮效应”。

比如，我们总是想当然地认为上海人是精明的、小气的、没出息的；上海的男人是唯唯诺诺的，上海的女人是假洋鬼子。可实际上呢，上海也有大方的男人，也有干出了大事业的男人，也有在老婆面前声高气壮的男人；而上海的女人中，也有很中国化的，不为外国新潮事物所打动的女人。许多有作为的男人和传统的女人，都是可以作为鲜明的例证的。

又譬如，我们总认为北京人是傻呆呆的，只知道侃大山、吃大饼，没有志向，没有吃苦的精神。可实际上呢，北京也有聪明的人，也有不爱侃大山的人，也有不吃大饼的人，也有有志向的人，也有具有吃苦精神的人。这也是用不着举例，任何人都可以自己找出证据的。

又譬如，我们总认为老人懂事，小孩不懂事；可事实上呢，现在的小孩在许多方面要比老人懂事多了。

了解“光环效应”这种现象，有助于人们克服社会交往中所产生的心理偏见，避免单凭初始印象，以偏概全所导致的片面性。

（2）首因效应

首因效应是交际心理中的重要名词。它指的是人们在第一次交往中给人留下的印象，在对方的头脑中形成并占据着主导地位。

一个新闻系的毕业生急于寻找工作。一天，他到一家报社对总编说：“你们需要一个编辑吗？”

“不需要！”

“那么记者呢？”

“不需要！”

“那么排字工人、校对呢?”

“也不需要，我们现在什么空缺也没有。”

“那么，你们一定需要这个东西。”这位毕业生边说边从包中拿出一块精致的小牌子，上面写着“额满，暂不雇用”。总编看了看牌子，微笑着点了点头，说：“如果你愿意，可以到我们广告部工作。”

这个大学生通过自己制作的牌子表达了自己的机智和乐观，给总编留下了美好的“第一印象”，引起了总编极大的兴趣，从而为自己赢得了一份满意的工作。

我们每个人都有这样的经验：第一印象在人们心目中难以改变。在现实生活中，首因效应所形成的第一印象常常影响着人们对他人日后的认知。对某人第一印象好，就乐意与之接近，并能较好地相互沟通，甚至“一见钟情”。反之，第一印象差，便会产生反感，即使以后由于各种原因难以避免与之接触，但也会很冷淡，甚至“告吹”。第一印象一旦形成，对后来观察和感知到的内容往往不太注意或被忽视，即使后来的印象与最初的印象有差距，也会服从最初印象。

毫无疑问，良好的第一印象会为以后的人际交往和工作条件带来诸多便利。所以，与人接触时一定要策划好第一印象。要做到这一点，除了注重仪表风度外，更要注意言谈举止。言辞幽默、不卑不亢、举止优雅的人，定会给人留下难以忘怀的好印象。如果第一印象不好，往往会在对方心中形成“刻板印象”。刻板印象一旦形成，对人的判断十有八九要出偏差。所以，与人交际的时候，一定要注意善用首因效应，取得主动，而不是形成难以改变的不良的“刻板印象”。

子羽曾是孔子的学生，第一次拜见孔子时，孔子见他其貌不扬，印象不好，觉得长相这么丑的人怎么会有才气呢？所以对子羽态度很冷淡，不愿尽心教他。子羽感到没趣，只好退而自学，经过刻苦自励，终有所成。孔子知道后深为后悔地发出了“以貌取人，失之子羽”的感叹。

应该说，作为卓越的教育家，孔子对于知人是有一套较为深刻的见解的，可遇到具体问题，有时也会忘了知人应取的客观标准。这说明知人、识人应当力戒“以貌取人”。

当然，“首因效应”在社交活动中只是一种暂时的行为，更深层次的交往还需要个人的硬件完备，这就需要加强自身在谈吐、举止、修养、礼节等各方面的素质。

首先放弃对他人的偏见

在日常生活中，我们有意无意地发挥着偏见的作用。不少人曾经碰到下列情形：

（1）你和朋友碰面谈事情一向都很准时，但最近由于塞车曾迟到两次，今天当你再度晚了10分钟才出现时，朋友马上不耐烦地说：“你怎么总是迟到啊？”朋友忘记了一向都是由你等他的。

（2）女儿周末很反常地晚归了，你焦急地等着，她一进门，你立刻气急败坏地质问：“你和什么狐朋狗友混到这个时候？还知道要回来啊？”你完全不理会女儿委屈的申辩，她是和同学在学校练习下周的拉拉队比赛。

（3）你在8岁儿子的书包中，搜出一款不属于他的卡通手表（儿子曾经要求你买给他，你却斥之以盲目追求流行）。当下你如同五雷轰顶，怒斥道：“你这么小就会拿人家手表，长大后岂不要去抢银行？”你没去思索儿子的行为也许并非受当今社会物质价值观的影响，可能只是反映了某种心理需求的不满足。

在面对自己不愿看到的情况时，人往往会以自己拥有的主观意识混着不满的情绪说出有失公允的话。这个时候，你应该放松自己的心态，真诚坦率地与对方交换意见，互相信任和理解，而不要先入为主地使自己的思维偏见不分场合地发挥作用。同时，要胸怀宽广，有意识地训练自己的心理承受能力，养成良好的意志品质。

人无完人，每个人都不可避免地存在一些令别人无法忍受的缺点。如果你总是对别人的缺点十分苛刻，就会引起别人的反感，甚至“以恶为仇，以厌为敌”。一个能够容忍他人缺点的人，必定是胸怀宽广、受人尊敬的人，而且也是能够拥有辉煌人生与成就的人。在看到别人的缺点时，先反省自己是不是立场不对，然后以换位思考来接受别人的缺点或短处，那样，你也将赢得别人的尊重。相反，一个不能容忍别人缺点的人，不可能拥有真正的朋友，而他的人生也难以成功。所以，在面对别人的缺点时，要尽量多一分容忍与理解。

一句话感悟

卢梭有言：“人类的真正感情，最不应该让成见给束缚了。”然而，我们最不应该让成见束缚的感情，却常常为成见所束缚。特别是那些脑袋里塞满先入之见而又不自知的人。无论干事识人均凭经验的圈子去套的人，要想让他们客观地看待人或事，就像让他们脱胎换骨一样难。

5. 不幸，是成长的阶梯

学会释放不幸的压力

1945 年 8 月，第二次世界大战对日作战胜利纪念日之后的第三天，玛丽·艾丽丝·布朗夫人回到她位于渥太华的家中，独自站在空寂的房间里，出神发呆。

她的丈夫在几年前因车祸身故，接着与她相伴的母亲也死了。布朗夫人这样描述当时的情况：

“钟声与哨笛宣布了和平的到来，可是我的独子唐纳却不在了。我的丈夫和母亲在那之前也死了，整个家里就只剩下我一个人。离开孩子的葬礼回到家中之后，那种难以言喻的孤独寂寞感是我这辈子都忘不了的——没有哪里比我的家更空寂。我差点让悲伤和恐惧窒息了。现在，除了学会一个人生活之外，我还要改变生活方式。而我最大的恐惧，则是怕自己因伤心而发疯。”

接连几个星期，布朗夫人都深陷在悲伤、恐惧和孤独之中，痛苦和惶惑使她感到茫然无措，不愿意接受现实。

布朗夫人接着说：“我相信，时间会帮助我抚平创伤的，但是，时间过得太慢了。我心想必须找点事情来打发时间，于是我就出去工作，就这样，时间慢慢地消逝，我发现我对生活、同事、朋友们又重新产生了兴趣。我渐渐明白，不幸的事情已经离我悄然远去，未来的一切正在渐渐地变好。而我曾经是那么的愚蠢，埋怨上天对我不公平，不肯接受现实。但是，时间改变了我。”

“虽然这一天来得很缓慢，不是几天，也不是几个星期，它是逐渐来到的；但最重要的是，我终于学会了如何面对残酷的现实。”

“现在，每当我回忆起这些往事时，就觉得自己像一艘航船，在历经风雨之后，终于航行在平静的大海上。”

正如布朗夫人所亲身经历的，有些哀痛的确到了常人难以承受的程度，但我们最终还是要接受。当布朗夫人作出决定，准备接受亲人离世的不幸事实时，她已经做好了准备，让时间来治愈自己的伤痛。但她起初只是抗拒和埋怨命运，结果难以自拔，时间也无法为其疗伤。

有时，我们的生活被割裂得七零八散的，只有时间才能将它缝合，前提是我们必须给自己时间。当悲剧刚刚降临时，世界也仿佛停滞不前了，我们的悲痛将会一直持续下去。但是，我们一定要克服悲哀，继续上路。只要回忆那些快乐的往事，我们就会感到幸福终将到来，取代我们内心的悲痛。因此，我们应该在心中停止悲伤和埋怨，勇于接受无法逃避的不幸事实，时间自然会帮助我们摆脱这些不幸。

有的时候，不幸也不完全是坏事，它会成为一种动力，促使我们采取行动，提高我们自身的素质，我们的智慧也将因此变得更加敏锐，从而促使我们最终摆脱困境。

据说印度的讫哩什那神说过一句箴言：

“人生真正的圆满，并不是平静乏味的幸福，而是勇敢地面对所有的不幸。”

人性会因为英勇地面对所有的不幸而变得深邃和顽强，并从中获益匪浅。“不幸”可以激发潜藏在我们体内的能量，如果不是情势所逼，需要我们对这种潜能善加运用，我们将有可能永远埋没自身所具有的这种巨大能量。

哈姆雷特的不朽名言：“行动起来！对抗所有的困难，将它们排除出去！”正是摆脱不幸的第二种方法。

1948 年，21 岁的迈克参加了以色列和阿拉伯战争。在一次战斗中，他的双眼受伤了，痛苦在瞬间降临到他身上，但他仍然乐观地生活着。在军队医院，他和其他的病人谈笑，还经常把分给他的香烟和糖果送给其他的病友。

医生为了治好迈克的眼睛，几乎尽了全力。一天早上，主治医生来到迈克的病房对他说：“你好，迈克，我不喜欢对病人隐瞒实情，欺骗他们。迈克，我想告诉你一个很不幸的消息，你将永远失明了。”

迈克沉默了，时间也仿佛在这一瞬间凝固不动了。过了一会儿，迈克平静地说：“哦，医生，我想我早有准备。谢谢你为我做了这么多努力。”

几分钟之后，迈克转过头来，对他的朋友说：“毕竟我还找不出绝望的理由来，虽然我失去了视觉，但是我还能听能说，还有脚能走路，而且我还有一双手，政府也会帮助我，让我学会一门技艺，能够独立地生活下去。我要改变自己，迎接新的生活。”

迈克就是这样一个人，虽然他的眼睛失明了，但他对未来却充满了梦想，他宁愿为幸福而努力，也不愿意诅咒那不幸的残酷事实。如果进行成熟测试，他一定能获得满分。我们每个人迟早都会遭遇这样或那样的不幸，那时，我们将接受真正的考验。

或许有人会这样问：“为什么这种不幸的事会发生在我身上？”

我想他只能得到一种回答：“为什么就不能呢？”

因为上天不会偏爱任何人，只要是人，就免不了要经历各种痛苦。生活就是要教会我们明白，在痛苦这个民主的国度中，每个人都是平等的。当悲伤、死亡、烦恼和不幸降临时，国王和乞丐、诗人和农民，他们所经历的是同样的折磨。一些年轻人和那些虽然已经不年轻但仍旧不成熟的人，往往只会怨恨和愤懑，他们不会明白，悲剧的产生就像人的出生、死亡以及缴税一样，都是生活中不可或缺的一部分。

所以，如果你想使自己走向更加成熟的人生，就要学会摆脱生活中的不幸。为此，你需要记住并应用以下方法：

（1）接受不可避免的事实，让时间来治疗创伤；

（2）采取行动以抵制困境；

（3）集中精神，帮助他人；

（4）在有生之年充分利用自己的生命；

（5）计算我们所拥有的幸福。

内心有阳光，世界就是光明的

面对同样一件事情，你可以选择以不同的态度对待。选择积极的方面，并做出积极的努力，就一定会看到前方独好的风景。

两个小桶一同被吊在井口上，其中一个对另一个说：“你看起来似乎闷闷不乐，有什么不愉快的事吗?”

另一个回答：“我常在想，这真是一场徒劳，没什么意思。常常是这样，装得满满的上去，又空着下来。”

第一个小桶说：“我倒不觉得如此。我一直这样想：我们空空地来，装得满满地回去!”

很多事情，你若站在不同的立场，便有不同的看法，正面的想法带来积极的效果，负面的想法带来消极的效果。乐观的人，在每一次忧患中看到机会；悲观的人，在每一次机会中看到忧患。

普希金说，假如生活欺骗了你，不要忧郁，也不要愤慨。我们的心憧憬着未来，现今总是令人悲哀，一切都是暂时的，转瞬即逝，而那逝去的将变得可爱。

康奈利夫人这样描述她曾有过的经历：

美国庆祝陆军在北非获胜的那一天，我接到国防部送来的一封电报，我的儿子——我最爱的一个人——在战场上失踪了。过了不久，又来了一封电报，说他已经死了。

我悲伤得无以复加。在这件事发生以前，我一直觉得生命多么美好，我有一份自己喜欢的工作，并努力带大了这个儿子。在我看来，他代表了年轻人美好的一切。我觉得我以前的努力，现在都有很好的收获……然而却收到了这些电报，我的整个世界都粉碎了，我觉得再也没有什么值得我活下去。我开始忽视自己的工作，忽视朋友，我抛开了一切，既冷淡又怨恨。为什么我最疼爱的儿子会离我而去？为什么一个这么好的孩子，还没有真正开始他的生活，就死在战场上？我没有办法接受这个事实。我悲痛欲绝，决定放弃工作，离开家乡，把自己藏在眼泪和悔恨之中。

就在我清理桌子、准备辞职的时候，我突然看到一封我已经忘了的信——从我这个已经去世的儿子那里寄来的信，是几年前我母亲去世的时候，他给我写来的一封信。“当然我们都会想念她的，”那封信上说，

“尤其是你。不过我知道你会撑过去的，以你个人对人生的看法，就能让你撑得过去。我永远也不会忘记你教我的那些美丽的真理：不论活在哪里，不论我们分离得有多么远，我永远都会记得你教我要微笑，要像一个男子汉那样承受所发生的一切。”

我把那封信读了一遍又一遍，觉得他似乎就在我的身边，正在和我说话。他好像在对我说：“你为什么不照你教给我的办法去做呢？撑下去，不论发生什么事情，把你个人的悲伤藏在微笑底下，继续过下去。”

于是，我重新回去开始工作，我不再对人冷淡无礼。我一再对自己说：“事情到了这个地步，我没有能力去改变它，不过我能够像他所希望的那样继续活下去。”我把所有的思想和精力都用在工作上，我写信给前方的士兵——给别人的儿子们。晚上，我参加成人教育班——试着找出新的兴趣，结交新的朋友。朋友们都不敢相信发生在我身上的种种变化。我不再为已经永远过去的那些事而悲伤，现在我每天的生活都充满了快乐——就像我的儿子要我做到的那样。

心里装着哀愁，眼里看到的就全是黑暗，抛弃已经发生的令人伤心的事情或经历，才会迎来新心情下的新乐趣。

在曲折的人生道路上，如果我们也能够承受所有的挫折和颠簸，能够化解与消释所有的困难与不幸，我们就能够活得更加长久，我们的人生之旅也会更加顺畅、更加开阔。

一句话感悟

希普金说：“假如生活欺骗了你，不要忧郁，也不要愤慨。我们的心憧憬着未来，现今总是令人悲哀，一切都是暂时的，转瞬即逝，而那逝去的将变得可爱。”

---

6. 苦难，磨炼你韧性的石头

把苦难踩在脚下

我们不必刻意请求苦难的来临，但是它既然来了，我们就要勇敢地面对。因为在人生的航行中，要么你将困难克服，要么你被困难一点点地打垮。

没有经历饥饿的历史，你便不知道一粒米的可贵，不知道那些被太阳晒黑了皮肤的耕种者的可敬，当然更无从感受饿得头昏眼花或者伸手乞讨的可悲和可怕……

没有受过寒流的抽打，你的血液里、你的胃肠中就不能孕育生长出抗争的细胞，你必然十分脆弱，容易发抖，容易胆寒，周身缺少足够的热流和火焰来温暖你被冻僵了的脸庞和手指。

没有尝过寄人篱下的滋味，听不到风凉话，看不到冷脸，而过多的奉承会让你长出不健全的性格。

突然某一天，你背靠的大树倒了，你开始失宠，在坑坑洼洼的路上，你绝对不可能像别人那样行走自如。

苦，可以折磨人，也可以锻炼人；蜜，可以养人，也可以害人。森林里的松树，经历千百次暴风雨的摧残，不但不会折断，反而愈见挺拔。

世界上有许多人因为没有经过苦难的磨炼，激发不出他们体内潜藏着的力量，所以他们的才能得不到淋漓尽致的发挥。只有努力奋进才能帮助人们达到成功的境地，只有尽力奋斗的人才能获得自己内心希望的东西。

在克里米亚的一次战争中，有一枚炮弹击中一个城堡后，毁灭了一座美丽的花园。就在那个炮弹落下的深穴里，竟不断地流出泉水来，后来这里竟然成了一个长久不息的著名喷泉。同样，不幸与苦难也会将我们的心灵炸破，而在那炸开的缝隙里也会时刻流出奋勇前进的泉水来。

许多人不到丧失一切、穷途末路的地步，就不会发现自己的力量，有时灾祸的折磨反而促使人们发现真实的自己。困难与障碍，就像凿子和锤子，能把生命雕琢得更加美丽动人。一位著名的科学家就曾说过，每当他遇到看似不能克服的困难时，总会使他有新奇的发现。失败常常能激发人的潜力，唤醒沉睡着的雄狮，引领人走上成功的道路。有勇气的人，能把逆境变为顺境，如同河蚌能将打扰它的泥沙化成珍珠一样。

一旦雏鹰能起飞，老鹰便会立即将它们驱出巢外，让它们在空中做飞翔的锻炼。而雏鹰因为有了这种锻炼、这种本领，将来才能做百鸟之王，才会凶猛敏捷，才能做追逐猎物的高手。

凡是在幼年常遇阻碍、挫折的孩子，往往有可能发展；而从没有遇过挫折的人，反而很难有出息。

火石不经摩擦，就不会发出火光；同样，人不遇磨难，体内蕴藏的力量也将永远不会发挥出来。

富兰克林·罗斯福于哈佛大学毕业后不久，便正式开始了政治生涯。他于1909年参加纽约州参议员竞选获胜，继而于1912年积极为威尔逊获得民主党总统候选人的提名及竞选总统出力奔走。威尔逊当选为总统后，罗斯福被任命为海军助理部长。1914年7月，第一次世界大战爆发，罗斯福请假三周，与民主党党阀支持的詹姆斯·杰拉尔德竞争联邦参议员职位，结果党内提名遭到失败。1917年，美国对德宣战，宣布站在协约国一方参加第一次世界大战。为了增加实战经验，作为海军助理部长的罗斯福于1918年赴欧洲战场考察，目睹战争给人民造成的生命和财产的损失，留下了终生难忘的印象。1920年，在总统选举中，他被任命为民主党副总统候选人，结果被共和党候选人柯立芝击败；同年，他回到纽约重操律师旧业，暂时退出政坛，积蓄力量，准备东山再起。

然而，一场意外的大灾难降临到了罗斯福的头上。1921 年 8 月 10 日，他在他的海滨别墅扑灭了一个小岛上的一场林火后，汗流浃背地跳入芬地湾游泳，不幸患上了小儿麻痹症。一场严峻的考验摆在了 39 岁的罗斯福面前，它比生死的考验更为残酷，也更叫人难以忍受。

开始，罗斯福还竭力使自己相信病情能够好转，但实际情况却在不断恶化。他的两条腿完全不管用了，瘫痪的症状在向上身蔓延。他的脖子僵直，双臂失去了知觉，最后膀胱也暂时失去了控制，每天导尿数次，每次都痛苦异常。他的背和腿疼痛难忍，好像牙痛放射到全身，肌肉像剥去皮肤暴露在外的神经，稍一触动就忍受不了。

但最让人受不了的还是精神上的折磨。罗斯福从一个有着“光辉前程”的年轻力壮的硬汉子，一下子成了一个卧床不起、事事都需别人照料的残废人，真是痛苦极了。在他刚得病的最初几天里，他几乎绝望了，以为“上帝把他抛弃了”。但罗斯福毕竟是罗斯福，他虽然忍受着痛苦的煎熬，却又以平时轻松活泼的态度和妻子埃莉诺开玩笑。他理智地控制住自己，绝不把自己的痛苦、忧愁传染给妻子和孩子们。他不允许别人把自己得病的消息告诉正在欧洲的妈妈，以免母亲牵肠挂肚。当医生正式宣布他患的是小儿麻痹症时，妻子埃莉诺几乎昏过去，而罗斯福却只是苦笑了一下。

为了不想自己的病情，他拼命地思考问题，回想自己走过的路哪些是对的，哪些是错的；回想自己接触过的各种各样的政治家，谁是可以学习的导师，谁是卑鄙的政治骗子；他也想到了人民，想到饱受战争创伤的欧洲人民，想到那些饥寒交迫、朝不保夕的社会下层的人民。到底今后应当怎样生活，怎样做人，他不断地思索、探求。为了总结经验，他不停地看书。他比较系统地阅读了大量有关美国历史、政治的书籍，还阅读了许多世界名人传记，以及大量的医学书籍，几乎每一本有关小儿麻痹症的书他都看了，并和大夫们进行了详细的讨论。他几乎成了这方面的权威。

苦难可以造就一个人，当然也可以压垮一个人，关键在于处于苦难中的人如何面对他所面临和忍受着的苦难。罗斯福面对病痛是乐观而镇静的，虽然这并不能使他所遭受的苦痛减轻，但是，乐观的态度使他又像从前那样生气勃勃了。他虽然仍卧床不起，但他相信这场病过去之后，他定能更加胜任他所要担当的角色，重新返回政治舞台。

他按照医生的嘱咐进行艰苦的锻炼，为了使两腿伸直，他不得不打上石膏。每天他都好像在中世纪的酷刑架上一样，要把两腿关节处的楔子打进去一点，以使肌腱放松些。但是，这个曾被看成是花花公子的人身上蕴藏着极大的勇气，所以不久就出现了病情好转的迹象——他的手臂和背部的肌肉逐渐强壮起来，最后终于能坐起来了。

为了重新走路，罗斯福叫人在草坪上架起了两条横杠，一条高些，一条低些。每天，他接连几个小时不停地在这两条杠子中间挪动身体。他给自己定的第一个目标就是能走到离斯普林伍德 1/4 英里远的邮政街。每天，他都要拄着拐杖在公路上蹒跚着朝前走，争取比前一天多走几步。他还让人在床正上方的天花板上安装了两个吊环，靠这两个吊环坚持锻炼。到第二年开春，他已经日见好转，甚至能够到楼下在地板上逗孩子们玩，或者在图书馆的沙发上接见客人了。

1922 年 2 月，医生第一次给罗斯福安上了用皮革和钢制成的架子，这副架子他以后一直戴着。架子每个重 7 磅，从臂部一直到脚腕。架子在膝部固定住，这样，他的两腿就像两根木棍一样。借助于这架子和拐棍，罗斯福不仅可以凭身体和手臂的运动来“走路”，而且还能站立起来讲话了。但做到这一步也不容易，开始时他经常摔倒，夹着拐棍的两臂也经常累得发疼，尽管如此，他仍然以顽强的毅力和乐观的态度坚持锻炼。

经过艰苦的锻炼，罗斯福的体力增强了。1922 年秋天，他重新回到病前任职的信托储蓄公司工作。开始时，他每周工作 2 天，又慢慢增加到 3 天，最后达到每周 4 天。他的日程安排得很满，每天早晨 8 点半在床上会见他的顾问路易斯 · 豪和其他来访者，由此开始了一天的工作。2 个小时后，他来到办公室，一直工作到下午 5 点。午饭就在办公室里吃。上午他处理公司的事务，下午办些私事。回家后，他喝点茶，活动一下身体，就又会见来访者。事情往往要到吃晚饭时才结束。由于重新回到了社会，罗斯福的名字又响亮起来了。

他面对病痛所表现出来的超人的勇气和乐观向上的态度，不仅增添了他个人的自信，也赢得了别人的尊敬和信任。

1924 年又是总统选举年。民主党由于上届总统选举失败，迫切需要罗斯福出来竞选，重振士气。罗斯福表示：“在甩掉丁字形拐杖走路以前我不想竞选。”但他决定出席民主党全国代表大会，以发出他本人重新返回政界的信息。在儿子的协助下，他拄着拐杖走上讲台，这时全场响起雷鸣般的掌声。罗斯福巧妙地控制着讲演的节奏，完全把听众吸引住了。他呼吁大家团结起来，这时听众全都起立，他充满激情地号召大家：“要牢记亚伯拉罕·林肯的话：‘对任何人都不怀恶意，对所有的人都充满友善。’”他的讲话受到了与会代表的热烈欢迎。这是人们对他表达的一种少有的敬意。他的心好像又长上了翅膀，他的腿被架子夹得麻木了，他的手由于把全身的重量都撑在桌上而不停地痉挛，但他全然顾不上这些，他那浑厚有力的声音在大厅里回荡着。

罗斯福最终赢得了这次选举，他的胜利在于他那非凡的毅力和超人的意志。苦难并没有使他绝望，相反，他坚强地“站”了起来，“走”了出来，并最终得到了民众的一致认可。更值得关注的是：他是美国历史上唯一一位惮联四届的美国总统。

可见，不遭受巨大的打击和刺激，人类的潜能是很难显露出来的，永远也不会爆发的。这种神秘的力量深藏在人体的最深层，非一般的刺激所能激发，但是当人们受了讥讽、凌辱、欺侮以后，就会激发出一种全新的力量，做到从前所不能做的事。

艰难的情形、失望的境地和贫穷的状况，在历史上曾经造就了很多伟人。如果拿破仑在年轻时没有遇到什么窘迫、绝望，他绝不会如此多谋，如此镇定，如此刚勇。巨大的危机和事变，往往是伟人诞生的信号。

贫穷与苦难能坚定人们的思想，发挥人们的潜力。钻石越坚硬，它的光彩也越炫目，而要将其光彩显示出来所需的琢磨也越有力。只有琢磨，才能显露出钻石的终极美丽。

不要陷入忧虑的沼泽地

有些人在遭遇了人生的变故或者重大打击之后，就陷入无尽的悲痛、沮丧和自卑之中，甚至从此自暴自弃。此时要做到若无其事一般，的确不可能，但是要想好好地生活下去，就不能让自己陷入忧虑的沼泽地，要尽快从沮丧、悲观中逃离出来。

一天，一个农民的驴子掉到了枯井里。可怜的驴子在井里凄惨地叫了好几个钟头，农民在井口急得团团转，就是没办法把它救起来。最后，他断然认定：驴子已经老了，这口枯井也该填起来了，不值得花这么大的精力去救驴子。

农民把所有的邻居请来帮他填井。大家抓起铁锹，开始往井里填土。

驴子很快就意识到发生了什么事，起初，它只是在井里恐慌地大声哭叫。不一会儿，令大家都很不解的是，它居然安静下来。几锹土过后，农民终于忍不住朝井下看，眼前的情景让他惊呆了——

每一锹砸到驴子背上的土，它都做了出人意料的处理：迅速地抖落下来，然后狠狠地用脚踩紧。

就这样，没过多久，驴子竟把自己升到了井口。它纵身跳了出来，快步跑开了。在场的每一个人都惊诧不已。

其实，生活也是如此。我们难免会遇到各种各样的困难与挫折，要想从这苦难的枯井里脱身逃出来，办法只有一个：就是尽快摆脱忧虑，将它们统统抖落在地，重重地踩在脚下。

1985 年，17 岁的鲍里斯·贝克作为非种子选手赢得了温布尔登网球公开赛冠军，震惊了世界。一年以后他卷土重来，成功卫冕。又过了一年，在一场室外比赛中，19 岁的他在第二轮比赛中输给了一个名不见经传的对手，被踢出局。在后来的新闻发布会上，人们问他有何感受。他以他那个年龄少有的机智答道：“你们看，没人死去——我只不过输了一场网球赛而已。”

他的看法是正确的：这只不过是场比赛。尽管这是温布尔登网球公开赛，奖金很丰厚，但这不是生死攸关的事。

如果你发生了不幸的事——爱情受阻，或生意受挫，或者是银行贷款无力偿还，你就能够——如果你愿意的话——用这个经验来应付它们。你也可以把它们记在心里，就好像带着一件没用的行李。但如果你真要保留这些不快的回忆，记住它们带给你的痛苦感情，并让它们影响你的自我意识的话，你就会阻碍自己的发展。选择权就在你自己手中：只把坏事当做经验教训，把它抛在脑后吧！

学会做苦难的适者

生活有时就像是一个变幻多端的“淘气鬼”，每个人都免不了遭受它的捉弄。当它毫不客气地找上门来时，你该以何种心态对待它呢？

生活中，伟人也好，普通人也罢，同样会遭遇生活的无情捉弄。生活之路充满着艰险，一些沟坎随时都可能把你绊倒，种种压力也会如影随形。就像一个笑话中说的，一个士兵问他的长官，大沙漠上总有装甲车的影子，虽然装甲车被伪装成了沙漠的颜色，可影子怎么去伪装呢？长官大骂：笨蛋，在影子上面盖上沙子不就行了吗？

其实我们都知道，影子是盖不住的，要想让影子消失，只能让太阳悬于头顶，这样阴影才能被我们踩在脚下。对待苦难也是这样，适应便是高悬于头顶的太阳。

人们常说，适者生存。那么，我们如何才能做一个在苦难中顽强站立的适者呢？

你也许知道一种非常名贵的中药——冬虫夏草。朔雪纷飞的寒冬，它像一条小虫一样钻入土中，状似冬眠；春来地暖，它又冒出叶芽，如同拱出地皮的一株小草。

从生物界来讲，最具灵性的应当属人类，动物次之，植物再次之。而冬虫夏草，竟也懂得严冬来临时为了不被冻死，而将自己弱小的身躯隐匿于土壤之中，春夏时节又探出身子来沐风浴雨。因此，它之所以名贵，恐怕是因为它懂得适应自然环境而有灵性。

从动物身上，我们同样也能发现类似的奥秘，最为出色的当属“变色龙”了。这个躯干稍扁、皮面粗糙丑陋的家伙，虽然长着修长的四肢，但行动起来非常缓慢，不像其它凶猛的动物那样具有杀伤力和攻击性，主要靠长长的舌头来舔食虫类充饥。由于它性情相对温和，所以较容易受到伤害。为了在惨烈的生存环境中存活下来，它掌握了一种特殊的本领，那就是改变自身的颜色，以躲避外界的突然袭击。

作为万物之灵的人类，虽然有着胜于动植物的各种优势，但同样面临着生存环境的严峻考验，比如受人攻击、遭人陷害、遭遇横逆，等等。这些总能让你感到难以适应，于是就有许多烦恼和痛苦不期而至。

其实，从不适应到适应是一个寻找的过程，可能是去寻找宽容和忍耐，可能是去寻找新的生活目标，可能是去寻找安恬的思维和心境。于是，在工作和生活中你开始重新追求新知识，挣脱旧我、纯洁精神、净化灵魂、升华自己。

从不适应到适应也是一个自我改变的过程，可以把你改变得善于待人接物，处变不惊，使你拥有了应对人生漫长旅途出现崎岖和坎坷的能力。

一句话感悟

“梅花香自苦寒来，宝剑锋利磨砺出！”只有遭受到苦难与打击的人，才能激发出内在的潜能，展现出一种全新力量，做到从前所不能做的事。

第二章　生命不可承受之重

——放下包袱，活出精彩的自己

佛经上说："如何向上，唯有放下。"放下的过程，也是得到的过程。当你紧握双手时，里面什么都没有；当你松开双手，世界就在里的手中。放下不等于软弱，不等于溃败，不等于沉沦；放下是否定旧我，更是树立新我。收回拳头不是怯懦，而是为了更好地出击。所以，只有懂得放下的人，才能真正重新认清自我，去追寻灿烂的明天！

1. 力求完美，是自己对自己的刻薄

生活本身并不存在完美

追求完美是我们所拥有的一种好心态，苛求完美却是我们对自己的一种虐待，因为生活本身并不存在完美。

生活的艺术只在于进退适时，取舍得当。因为生活本身即是一种悖论，一方面，它让我们依恋生活的馈赠；另一方面，又注定了我们对这些礼物最终的弃绝。这正如先师们所说的：人生一世，紧握双拳而来，平摊两手而去。

所以，你不必因考试少了几分而耿耿于怀，不必因说过一句错话而长久内疚，不必因女朋友的一个小缺点而感到遗憾，不必为一顿不可口的饭菜而埋怨，不必因一次评比名落孙山而垂头丧气，不必因一次失误而放弃全部计划，不必因一个人负心于你便怀疑世间的真情……考不上大学不一定是你的失败，找不到舒心的工作不一定说明你无能，失去这个机会你可以寻找另一个机会，搭不上这班车你可以搭下一班……

一切都不会像想象的那样完美，也不会像你策划的那样顺利，只有接受不完美，你才有勇气面对现实。

如果同一个晚上你有两件事要做——应女朋友的邀请陪她去听歌和到图书馆听一个学术讲座——你的选择应该是：你认为哪件事重要就去做哪一件，而把另外一件忘掉。只有敢于放弃才能有所获取。

认真对待生活，把握生活，但又不能抓得过死，松不开手。人生这枚硬币，其反面正是那悖论的另一要旨：我们必须接受“失去”，学会松开手。

这种教诲确实是不易领受的。尤其当我们年轻的时候，总以为这个世界将会听从我们的使唤，总以为我们全身心投入去追求的事业一定会成功，而生活的现实仍然是按部就班地走到我们的面前——于是，这第二条真理虽是缓慢地，但也是确凿无疑地显现出来。

我们在经受“失去”中逐渐成长，经过人生的每一个阶段。我们离开娘胎来到这个世界，开始独立的生活；而后又要离开父母和充满童年回忆的家庭，进行一系列的学校学习；结了婚，有了孩子，等孩子长大了，又只能看着他们远走高飞；我们要面临双亲的谢世和配偶的亡故，面对自己的精力逐渐地衰退；最后，我们必须面对不可避免的自身死亡——我们过去的一切生活，生活中的一切梦想都将化为乌有。

但是，我们为何要臣服于生活这种自相矛盾的要求呢？明明知道不能将美永久保持，我们为何还要去造就美好的事物？我们知道自己所爱的人早已不可企及，又为何还要使自己的心难以割舍？

要解开这个悖论，必须寻求一种更为宽广的视野，通过通往永恒的窗口来审视我们的人生。一旦如此，我们就可醒悟：尽管生命有限，我们在世界上的作为却为之织就了永恒的图景。

只要你能秉持向着更好方向迈进的信念，你每天都可以是出色的。和一般人的想法相反的是，“出色”这个字眼并不代表完美，而是指“最佳状态”。这也就意味着：在今天或现在所处的环境限制之下，依你的知识及经验，尽最大努力所取得的结果。如果你真的尽了全力，再也不能做得更好，那你就算是相当出色了。

然而，这也不是说你不能再继续追求成长，追求更好的境界，你当然能继续茁壮成长。比方说，从现在开始一年内，你所写的新书一定要比这本好，因为你又多了一年的知识、经验以及专业训练。但是，现在这本书还是最杰出的，因为这是你当下能力的极致发挥；而下一本新书当然也会是最出色的一本，因为那也是彼时的最佳状态。

人生绝不是一种作为生物的存活，它是一些叵测的变幻，也是一股不息的奔流。我们的父母通过我们而生存下来，我们也通过我们的孩子而生存下去。我们建造的东西将会留存久远，我们自身也将通过它们得以久远地生存。我们所造就的美，并不会随我们的消失而消失。我们的双手会枯萎，我们的肉体会消失，然而我们所创造的真、善、美将与时俱在，永存不朽。

追求完美固然是我们的终极目标，但是却不须强求。只要能够在种种的限制条件之下，尽己所能地朝目标努力，就一定能达到出色的境界。

苛求完美等如虐待自己

生活中处处都有遗憾，这才是真实的人生。因为追求完美而苦恼，可能会留给我们更多的遗憾和痛苦。

在印度佛教的《百喻经》中，有这样一则“可笑”而发人深省的故事：

有一位先生娶了一个体态婀娜、面貌娟秀的太太，两人恩恩爱爱，是人人羡慕的神仙眷侣。这个太太眉清目秀、性情温和，美中不足的是长了个酒糟鼻子。柳眉凤眼、樱桃小嘴，瓜子脸蛋上却长了个酒糟鼻子，好像失职的艺术家，对于一件原本足以称著于世间的艺术精品少雕刻了几刀，显得非常突兀、怪异。

丈夫对于太太的鼻子终日耿耿于怀。一日他外出经商，行经贩卖奴隶的市场，宽阔的广场上人声鼎沸，人们争相吆喝出价，抢购奴隶。广场中央站了一个身材单薄、瘦小清癯的女孩，正以一双水汪汪的泪眼，怯生生地环顾着这群如狼似虎、将决定她一生命运的男人。这位丈夫仔细端详女孩的容貌，突然间，他被深深地吸引住了。好极了！这个女孩的脸上长着一个端端正正的鼻子。他不计一切代价买下了她！

这位丈夫以高价买下了长着端正鼻子的女孩，兴高采烈地带着她赶回家中，想给心爱的妻子一个惊喜。到了家中，他把女孩安顿好之后，用刀割下女孩漂亮的鼻子，拿着血淋淋而温热的鼻子，大声疾呼："太太！快出来哟！看我给你买回来的最宝贵的礼物！"

"什么贵重礼物，让你如此大呼小叫的？"太太疑惑不解地应声走出来。

"喏！你看！我为你买了个端正美丽的鼻子，你戴上看看。"

丈夫说完，突然抽出怀中的利刀，一刀朝太太的酒糟鼻子砍去，霎时太太的鼻梁血流如注，酒糟鼻子掉落在地上，丈夫赶忙用双手把端正的鼻子嵌贴在伤口处。但是无论他怎样努力，那个漂亮的鼻子始终无法粘在妻子的鼻梁上。

可怜的妻子，不但没有得到丈夫苦心买回来的端正而美丽的鼻子，反而失掉了自己那虽然丑陋但却货真价实的酒糟鼻子，还受到无端的刀刃创痛。而那位糊涂丈夫的愚昧无知，更是让人叹惜！

有些事，可以通过努力改变；有些事，则无论如何努力都改变不了。对于我们不能改变的，不论喜欢与否，我们只能接受它们，不要抗拒。世界万物我们应当把这些当成水分子结构、当成地球形状、当成宇宙组成一样的自然事实来接受。我们可以心生怀疑或好奇，可以保留提问的权利，但不要试图去改变什么。因为有些东西，如我们的国籍、父母、遗传基因、肤色、家境、幼时所受的教育以及将要生长于其中的社会环境，在我们出生之前就注定了。

完美主义者在做任何事情之前，都不能克制自己追求完美的激情与冲动。他们想把事情做到尽善尽美，这当然是可取的，但他们在做一件事情之前，总是想使客观条件和自己的能力都达到尽善尽美的程度才去做。因而，这些人的人生始终处于一种等待的状态。他们没有做成事情，不是因为他们不想去做，而是因为他们一直在等待所有的条件成熟，结果就在等待完美中度过了自己不够完美的人生。

完美主义者往往不愿意接受自己或他人的缺点和不足，非常挑剔。有的人没有什么好朋友，总也找不着对象，跟谁都合不来，经常换单位。为什么？那是因为他谁也看不上，甚至会因为别人的一些小毛病而忽略别人的优点；有的人不允许自己在公共场合讲话时紧张，更不能容忍自己紧张时不自然的表情，一到发言时就拼命克制自己的紧张，结果越控制越紧张，形成恶性循环；有的人不允许自己的身体有丝毫不舒服，总是怀疑自己得了重病，经常去医院检查。其实，每个人都有缺点和不足，都会有紧张、不适的体验，这是正常的表现，你必须学会接受它们，顺其自然。如果非要抗拒自然规律，必然会愈抗愈烈。

完美主义者表面上很自负，内心深处却很自卑。因为他很少看到优点，总是关注缺点，总是不知足，很少肯定自己，所以缺乏自信，当然会自卑了。不知足就不快乐，痛苦就常常跟随着他，使他周围的人也一样不快乐。

世界并不完美，人生当有不足。留些遗憾，反倒使人清醒、催人奋进，是好事。没有皱纹的祖母最可怕，没有遗憾的过去无法链接人生。

人生确实有许多的不完美，但我们可以选择走出不完美的心境，而不是在“不完美”里哀叹。

缺陷也是一种美

上帝对每一个人都是公平的，它赐给了音乐家才华，就不再赐给他容貌，可是其貌不扬又如何呢？重要的是你能发现自己的价值，绽放出自己的光芒。

著名的音乐家托马斯·杰斐逊其貌不扬，他在向妻子玛莎求婚时，还有两位情敌也在追求玛莎。

一个星期天，杰斐逊的两个情敌在玛莎的家门口碰上了。于是，他们准备联合起来羞辱杰斐逊。可是，这时门里传来优美的小提琴声，还有一个甜美的声音在伴唱。

如水的乐曲在房屋周遭流淌着，两个情敌此时竟然没有勇气去推开玛莎家的门，他们心照不宣地走了，再也没有回来过。

曾经有这样一个故事也给了我们很多启示。

一个被劈去了一小片的圆想要找回一个完整的自己，到处寻找自己的碎片。由于它是不完整的，滚动得非常慢，从而看见了沿途美丽的鲜花，它和虫子们聊天，它充分地感受到阳光的温暖。它找到许多不同的碎片，但它们都不是它原来的那一块，于是它坚持着找寻……直到有一天，它实现了自己的心愿。然而，作为一个完美无缺的圆，它滚动得太快，错过了花开的时节，忽略了虫子。当它意识到这一切时，毅然舍弃了历尽千辛万苦才找到的碎片。

这个故事告诉我们，也许正是失去，才令我们完整；也许正是缺陷，才体现我们的真实。

智者再优秀也有缺点，愚者再愚蠢也有优点。对人多做正面评估，不用放大镜去看缺点，生活中对己宽、对人严的做法，必遭别人唾弃。避免以完美主义的眼光去观察每一个人，以宽容之心包容其缺点。责难之心少有，宽容之心多些。

很多人因为自己的缺陷和不足自怨自艾，从而丧失了自信，变得自卑。要知道，没有一个人是完美无瑕的，难道有缺点和不足就注定要悲哀，要默默无闻，无法成就大事吗？其实，只要你把“缺陷、不足”这块堵在心口上的石头放下来，别过分地去关注它，它也就不会成为你的障碍。假如你能善于利用自身已无法改变的缺陷、不足，那么，你仍然是一个有价值的人。

那些伪装完美、追求完美的人，其实正在拿自己一生的幸福开玩笑。世界上根本没有完美，反而正是有了缺憾，才使我们整个生命有了追求前进的动力。所以，珍惜缺憾吧，它就是下一个完美。

一句话感悟

世界并不完美，人生当有不足。留些遗憾，反倒使人清醒、催人奋进，是好事。没有皱纹的祖母最可怕，没有遗憾的过去无法链接人生。

2. 面面俱到，比登天还难

讨好每一个人是不可能的

茅盾曾经说过：“对于丑恶没有强烈的憎恨的人，也不会对于美善有强烈的执著。”社会上总有一些善良的“羔羊”，对任何人、任何事都力求做到面面俱到，取悦于每一个人、执著于每一件事，即使栽了跟头也无怨无悔，他们对这个世界没有一丝一毫的敌意，妄图承受一切，让周围所有的人因为自己的存在而得益，这种想法是善良的，甚至堪称伟大，但就是这种善良与周全使他们在现实中处处碰壁，最初的理想饱受摧残。

从前，有一对父子赶着一头驴进城，子在前，父在后，半路上有人笑他们：“真笨，有驴子竟然不骑！”

父亲觉得有理，便叫儿子骑上驴，自己跟着走。走了不久，又有人说:“真是不孝的儿子，竟然让自己的父亲走路!”

父亲赶忙叫儿子下来，自己骑上驴背。走了一会儿，又有人说:“真是狠心的父亲，自己骑驴，让孩子走路，也不怕把孩子累死?”父亲连忙叫儿子也骑上驴背，这下子总该没人有意见了吧！谁知又有人说:“两个人骑在驴背上，不怕把那瘦驴压死?”

父子俩赶快溜下驴背，把驴子的四只脚绑起来，一前一后用棍子扛着。经过一座桥时，驴子因为不舒服，挣扎了一下，结果掉到河里淹死了!

由此可见，想面面俱到，不得罪任何人，又想讨好每一个人，那是绝对不可能的，因为在做人方面，你不可能顾及到每一个人的面子和利益，你认为顾到了，别人却不一定这么认为，甚至根本不领情；在做事方面，你也不可能顾及到每一个人的立场，每个人的主观感受和需要都不同，你要让每个人满意，事实上，总会有人不满。恪守自己的原则，做自己认为该做的事，会有人称赞你，也会有人骂你，但如果你想面面俱到，恐怕结果是每个人都笑你。

心理学家霍曼斯早在 1974 年就提出，人与人之间的交往本质上是一种社会交换，这种交换和市场上的商品交换所遵循的原则是一样的，即人们都希望在交往中得到的不少于所付出的。中国古语有“交友强于已”，就是这个道理。

其实，何止是得到的不能少于付出的，如果得到的大于付出的，也会令人们的心理失去平衡。在父母和子女之间也常有这样的情况，很多父母抱怨自己为孩子付出很多，结果孩子却不领情，往往就是孩子承受了太大的压力所致。

人情不能不投资，但也不能过度投资，对于一个有劳动能力、心智健全的人来说，独立、付出和获取回报一样重要，因为这往往牵涉到两个人的自我意识。

如果你想取悦别人，并与别人维持长久的关系，不妨适当给别人一个机会，让别人有所回报，不至于因为内心的压力而疏远了双方的关系。“过度投资”，不给对方喘息的机会，就会让对方的心灵窒息。不面面俱到，留有余地，彼此才能自由畅快地呼吸，才能给心灵一个足够的空间来容纳彼此。

做人做事给自己留点空间

一位曾以助人为乐趣的老实人唠叨说：“能帮上忙我很快乐，但是我也不想因帮忙而得到不尊重的态度。有回午夜时分，一个陌生的太太说要将她的3个孩子送来我家，且负责上下学、伙食和床边故事，还说是对我放心才给我带。另一回，也是带别人的小孩，小孩的父亲怪我伙食不行，还说我没教孩子英文、珠算、数学！还有一次，有人托我带孩子，说好晚上8点准时到，结果我等到12点还没到！打电话去问，说是‘误会’，就不了了之了。上班时，会计小姐在年度结算，托我帮忙，我算得头晕脑涨，会计小姐却喝茶快活去了，最后还怪我算得太慢，害她被老板骂。”

凡事都往自己身上揽，唯恐得罪人的结果就是不仅加重别人的依赖，也加重自己的负担，弄得自己不堪重负。“人在河边走，哪能不湿鞋”，你不可能在所有的事情上让所有的人都满意，如果你总是担心别人不满意，谨小慎微地察言观色，揣摩别人的心思，你迟早会把自己折磨死。

而且一旦那些别有用心的人摸透了你想面面俱到的弱点，便会软土深掘，得寸进尺地索求，因为他们知道你不会生气，于是你就变成了人人看不起，人人都来捏的软柿子。

某大学一个班级里，有一位学生比较胆小怕事，遇事过分忍让，因此，虽然班里的绝大多数同学对他并无恶意，但在不知不觉中总是把他当做是一个理所当然应该牺牲个人利益的人，看电影时他的票被别人拿走，春游时他被分配去看管书包……实际上，他心里非常渴望与别人一样，得到属于自己的那份利益与欢乐。由于他的老实软弱和极度忍耐，这种事情持续了很久。终于有一天，他忍无可忍了，一向木讷的他来了个总爆发，因为一场十分精彩的演出又没有他的票。他脸色铁青，雷霆万钧，激动的声音使所有人都惊呆了。虽然那场演出的票很少，但是这位同学还是在众目睽睽之下拿走了两张票，摔门而去。大家在惊讶之余似乎也领悟到了什么。在后来的日子里，大家对他的态度似乎好多了，再也没有人敢未经他的同意便轻易地拿走他的什么东西。

“人善被人欺，马善被人骑”，动物世界里的法则是弱肉强食，其实对于人类来说，也未尝不是如此，只不过它在人类社会里不那么赤裸裸罢了。

没有谁能够超越人性的局限，做事面面俱到，在别人触犯了自己的利益时也一忍再忍，只会助长和纵容别人侵犯你的欲望。

一句话感悟

不管你做什么，只要让一部分人满意就行了。每个人的主观感受和需要都不同，你要让所有人满意，结果肯定是你的善良会在现实中处处碰壁，最初的理想也会饱受摧残。

---

3. 压力，化做前行的动力

将压力变成前进的动力

1993年3月9日上午，上海大众汽车公司前总经理方宏，一个在外人看来近乎完美的人物，一个事业兴旺的成功人士，从自己5楼的办公室凌空一跃，选择了死亡。方宏的死在相当长的时间里使人迷惑不解，有人追踪了解，从其当医生的妻子口中，慢慢证实：方宏死于抑郁症。因为一些干扰自己的事情无法随便向人诉说，渐渐积累，终于到了不能抑制的一天。

英国心理学家查理斯顿认为，抑郁症这种病往往袭击那些最有抱负、最有创意、工作最认真的人。类似的例子有很多。

宏基公司董事长施振荣，在打球后经常感到眩晕，需要平躺休息才能恢复，但在很长的时间里，他竟然从未想到过自己可能得了心脏病，直到被迫去做了身体检查才恍然大悟。

2004年7月，曾被誉为“胆大包天”第一人，拥有航空、乳业和置业投资三大板块，总资产35亿元的均瑶集团董事长王均瑶，因患肠癌医治无效，在上海逝世，年仅38岁。这则消息迅速传遍了全国各地。在自己事业一帆风顺的时候却因过度劳累而失去生命，究其原因，就是没有正确地对待压力，而使自己长期处于“亚健康”状态。

现代社会是一个到处充满压力的社会，有求学的压力，有家庭的压力，有工作的压力。美国精神健康研究所的菲利浦·戈尔德说："世界上不存在任何没有压力的环境。要求生活中没有压力，就好比幻想在没有摩擦力的地面上行走一样，是不可能的，关键在于怎样对待压力。"从事压迫感研究30多年的塞利说："现代人要么学会控制压迫感，要么走向事业的失败，疾病和死亡。"

其实，人们一直生活在两种压力中，一是作用于身体的物理压力，如大气压、地心吸引力、心脏压力等，这些压力维持生命形式。二是内在的精神压力，如生存竞争的压力、对危险与死亡的恐惧、人际压力、情绪与情感的压力等，这些压力保持人的警觉（清醒状态）和合适的行为模式。

可见，压力并不都是无益的。研究压力对于人类身心影响的加拿大医学教授赛勒博士曾说："压力是人生的香料。"他提醒我们，不要认为压力只有不良影响，而应转换认知和情绪，多去开发压力的有利影响，本来人类在其一生中就是无法摆脱压力的。

只要你能以正确的心态对待压力，压力就会对你的前进产生巨大的推动力，这是因为，人在绝境或遇险的时候，往往会发挥出不同寻常的潜能。人的潜能一旦被挖掘出来，其作用是非常巨大的。

在一次火灾中，一位上了年纪的妇女竟然把一个大橡木柜子从3楼搬到楼下。火灾过后，3个强壮的男人费了九牛二虎之力才勉强把那个柜子抬回到3楼原先的位置。这时再让这位妇女重来一次，她却怎么也搬不动了。

事情常常如此，在某种巨大压力的驱使下，人会产生一种强大的爆发力，这种爆发力使人的体力和耐力达到正常情况下绝不可能达到的程度。

所以说，人的身体潜能虽然是有极限的，可人的心理潜能，也就是大脑的能量却是巨大到难以测量的程度。

许多事情都是因压力的存在才得以实现的。没有压力，芝麻、花生、大豆、橄榄怎么会流出晶莹、润泽、喷香的油来？

没有压力，雄鹰怎么展翅？飞机怎样航行？

没有压力，船帆怎么会鼓得劲满？船儿怎么能破浪前进？轮机靠什么推动螺旋桨？

没有压力，碳的一族怎会变成坚硬的钻石，光芒四射？

压力使我们不能松懈怠慢，压力使我们浑身充满张力，压力逼我们聚集力量奋斗。压力从我们身上挤出乳汁，哪怕我们吃的是草。

没有压力，我们将一事无成。所以，不要把压力当敌人，压力也有它的功绩。

从容不迫地面对压力

卡耐基认为，面对压力的最好方法就是以从容不迫的心态完成任何事。

仔细分析那些成功的人，我们不难发现他们都是以最积极从容的心情进行工作的，这样看似悠闲，实则是离目标更近了。

乔治是一家会计事务所的职员，一天早上，他手上拿着刚从纽约事务所发来的信函，正想走下佛罗里达饭店的阳台，无疑，阳光照耀的假期已经泡汤了，接下来该是非常忙碌的工作时刻。他心头一急，只想赶快进入状态，匆忙地走着。此时，一位压低帽檐，舒服地躺在摇椅上的朋友，一眼瞧见了慌乱疾走的他，就以佐治亚州特有的南部柔软腔调喊道："先生，你想赶往哪里呀？身浴佛罗里达亮丽阳光的你，不该这样如此急躁不安。来！坐坐摇椅，让我们一起完成伟大的艺术吧！"

"究竟是什么？请你告诉我，我真的不晓得你从事哪种艺术！"乔治不由得放慢了脚步，压低声音问。

"没什么，"他安详无事地回答，"只是想与你共享正在消失中的艺术呀！如今大多数人都已忘了它是什么了。"

“我是在做日光浴艺术，闲坐此处，让慈爱温情的阳光抚慰身心，一丝丝地渗透我的灵魂，请问你曾想过‘太阳’吗?”他笑答道。

接着，他继续说道：“太阳是那样的温暖和优雅，悄悄地照耀着大地，它不按电铃，也不打电话，只是无声无息地亲吻着大地。想想它一小时的工作量，就远超过你我一生的工作，太阳实在是太伟大了！它使花开草盛树茂，大地一片欣欣向荣，使人间充满生机与和平。”

“我发现每当我沉醉于日光浴中，太阳就会慢慢渗透我身体的每一部分，抚平、安定一切，并施予无穷的能量，所以我禁不住爱上日光浴——老兄，把那邮件的事丢在脑后，在我身旁坐一会儿吧。”

乔治依言坐下了，让温馨的太阳晒暖全身，而后回到房间开始处理邮件，出乎意料，工作竟然一下子就完成了。

确实，也有些人是终日无所事事地曝晒于日光之下的，这并非最好的方式。一面享受，一面冥想四方，有了这种积极的心态，不但可以帮助你恢复体力，更会带来向上奋斗的力量，使你主动地创造事业与人生。

面对竞争日趋激烈的现代社会，我们需要减缓生活的步调，抚平内心的焦虑，从容不迫地面对生活与工作中的各种压力。

化解压力的有效方法

据中国人体健康促进会的数据显示，目前，全国每年至少有百万人因“过劳死”而去世。尽管这一数字还存在一些质疑，但在就业压力巨大，视效率为生命的现代社会，工作压力成为高悬于转型期中国人头上的一把“双刃剑”，一方面，它是动力的基础与前提；另一方面，它压抑和改变着人的本性，甚至威胁着人们的生命。那么，面对压力，我们该怎么办呢?

（1）认识到生命不可以重来

2006年5月28日晚，年仅25岁的胡新宇因工作任务紧迫，持续加班近1个月，导致过度劳累，全身多个器官衰竭，随着心跳的停止，他永远告别了人间。2005年9月，年仅38岁的网易代理首席执行官孙德棣盛年早逝，曾引起企业界的一片叹息；2004年更是CEO们的“黑色之年”——爱立信（中国）有限公司总裁杨迈、麦当劳公司全球董事长兼CEO吉姆·坎塔卢波等突然离世，无不在全球企业界引起震动。

无论他们为社会、为企业、为家庭作出了多大贡献，都不能挽回已经逝去的生命，因为他们为工作奉献了自己的健康，他们用生命为亿万职业人制造了一个震撼——有多少生命可以重来？

虽然有N个理由让你为了完成任务而不顾一切努力工作，但即使有上万个理由，也无法改变“有多少生命可以重来”的答案。

客户访问不成功，可以下次再访；下属员工关系没有处理完，可以明天继续；销售业绩没有完成，可以下个月补上；工作计划没有完成，可以申请延迟；产品开发没有成果，可以重新开发；坏账收不回来，可以再想办法；哪怕是工作丢了，也可以“此处不留爷，自有留爷处”。唯独生命失去了，没有办法补救。

这不是危言耸听，而是血的教训。只有认识到这个问题的严重性，你才会认真地对待工作的压力，以及工作带给你的所有问题。

（2）制定合理的目标

压力到底来自何方？我们可以列举出很多来源，例如，销售业绩下降，管理效果不明显，市场占有率没有提升，竞争对手展开了激烈的攻势，等等。然而，人们在感慨任务重、压力大时，往往忽略了一个重要的前提，那就是所有的任务、压力都是相对的。同样的分量对不同的人有着不同的压力。50公斤的杠铃对一般的运动员来说可能会有点吃力，对普通人来说可能觉得不胜重负，而对奥运会冠军来说，这个重量轻而易举。

同样的道理，给你施加压力的人不是老板，不是领导，而是你自己。

你明明一个月只能完成100万元的销量，为什么非要定下200万元的任务呢？你缺乏管理基因，做人事专员轻松自如，为什么非要自寻烦恼，弄个“HR经理”当当呢？

西方有句俚语叫“隔壁苹果甜”，就是用来形容“得不到的东西总是最好的”这样一种心态。狐狸的聪明之处就在于它知道，摘不到的葡萄未必是最甜的。如果想轻松快乐地工作，那么，请务必牢记，即使费很大劲才摘到的葡萄也未必是最甜的。因为那样太辛苦，葡萄到处都是，我们可以把高处的果子留给高个子去摘，自己则去摘抬抬手就能得到的果子。任何时候都不要忘记，我们摘果子的初衷和摘果子过程中的乐趣。合适的便是最好的——对鸡来说，麦粒胜过钻石。

（3）不要杞人忧天

人们经常用这个成语来笑话别人过分的担忧，但是不知不觉自己却落入了“庸人自扰”的境地。“今天工作不努力，明天努力找工作”；“企业离破产只有N天”，老板在这样的思维下，人为地给员工增添了失业的压力。其实，每个企业都差不多，工作没有了可以再找一个新的，企业破产了还可以再找一个企业，行业消失了又会产生新的行业。“所以不要为明天忧虑，因为明天自有明天的忧虑。一天的难处一天当就够了。”

（4）生命的使命不仅仅是工作

因为工作忙，没有时间陪女朋友逛街；因为工作忙，没有时间回家看望亲人；因为工作忙，没有时间和同学、朋友聚会；因为工作忙，没有时间学习、提升自己；因为工作忙，没有时间锻炼身体；因为工作忙，没有时间去旅游；因为工作忙，没有时间享受生命的乐趣。

这不是说工作时可以不努力，而是说生命的使命不仅仅是工作，生活的内容除了工作还有很多。

有时你耗尽一生去追求的也许到头来什么也不是。名誉、地位、金钱只是过眼烟云，真正重要的是爱你的家人。老板再好也只是老板，利益维系着你们的附属关系。家人却是最无私的。想想也是，总加班，不回家吃饭，即使回家再怎么哄孩子，买礼物给他，可他渴望父爱（母爱）已久了。人老了，是多么喜欢热闹，可爸妈离得那么遥远，你不能总陪伴在他们身边，你就是花钱雇了钟点工照顾他们又怎么样，始终不是你。当你失去了亲情、友情、健康，名誉、地位、金钱也就失去了意义。

（5）积极寻求别人的支持

有的人面对压力，闷声不响，把所有问题都自己扛。其实这是一种错误的做法。社会心理学研究表明，面对压力，人们应该寻找积极的社会支持。社会支持为压力人群提供一种自信，即个人的工作和生活经验得到别人的认可而激发其自信心，可以为压力人群提供尽可能的解决引起压力问题的方法，也可以转移因为压力带来的身心疲惫，还可以提供财力、物质资源及其他帮助等。

因此，面对压力，我们完全可以找点空闲，找点时间，通过与亲人、朋友的交流，化压力于无形。

（6）乐于接受心理咨询

无论你有多少种方法对付压力，总有些压力超过我们承受之重。这时我们必须接受心理咨询。但是，很多人的想法是：接受心理咨询是不是意味着我有精神病了？有些人即使压力很大，也宁愿伪装。实际上，在这个冲突不断的社会里，心理上偶尔的不健康就如同感冒、头痛一样，是非常正常的现象。但是，如果不加重视，发展下去也会变得严重起来。一碗水也许不重，但是如果持续端上 2 个小时，你的手真的会疼得抽筋，强忍压力只会使压力越积越多，最终爆发。好的心理咨询不但可以治愈你的心灵创伤，还可以引导你更好地成长，实现自我。西方人称：一个成功的企业家总是一手拉着律师，一手拉着心理医生。可见，心理咨询并不丢人。

每个人在工作中都不可避免地会遇到各种挫折和挑战，有些是外界环境造成的必须直面的压力，有些则是你自己设置的。无论什么压力，只要你以平和的心态，处理好心理、生理上的问题，协调好工作与生活的关系，就能摆脱压力给你带来的危害，重新回到快乐的境地。

一句话感悟

压力无处不在，又不可避免。有的人被压力击跨，一蹶不振，而有的人过得更有意义，更有效率。其中的奥妙就在于，前者消极面对压力，而后者却将压力变成前进的动力。在面对难题时能够自我控制，有条不紊，即所谓的因势利导，从而改变被动的局面，获得新生与自由。

---

4. 单打独斗，众人拾柴火焰高

笨人才一切靠自己

春秋时鲁国单父县，县长职务空缺，鲁国君请孔子推荐一个学生，孔子推荐了巫马期。他上任后工作十分努力，披星戴月，废寝忘食，兢兢业业工作了一年，单父县大治。不过，巫马期却因为劳累过度病倒了。于是孔子推荐了另一个学生宓子贱。子贱弹着琴、唱着小曲就到了单父县。他在官署后院建了一个琴台，终日鸣琴，身不下堂，日子过得很滋润，一年下来单父县大治。巫马期知道后，很想和子贱交流一下工作心得，于是他找到了宓子贱。

宓子贱是一个不到30岁的小伙子，个头不高，面色红润，有一个睿智的额头，说话慢条斯理的，眼睛很黑很亮。在他面前，巫马期应该是感觉到了压力。

两个人的谈话很快就进入了正题。巫马期羡慕地握着子贱的手说："你比我强，你有个好身体啊，前途无量！看来我要被自己的病耽误了。"

子贱听完巫马期的话，摇摇头说："我们的差别不在身体，而在于工作方法。你做工作靠的是自己的努力，可是事业那么大、事情那么多，个人力量毕竟有限，努力的结果只能是勉强支撑，最终伤害自己的身体。而我用的方法是调动能人给自己做工作，事业越大可调动的人就越多，调动的能人越多事业就越大，于是工作越做越轻松。"

我们看到，县长在国家管理架构中，只能算个基层执行者。前后两任执行者却有着本质的差异。而执行的本质，就是团队创造性地实施既定决策下已达成组织绩效的活动。有100件事情，一个人都做了，那只能叫做努力。有100件事情，执行者借助他人的力量，帮他把所有的事情都办好了，而且回过头来还要感谢他提供这样的锻炼机会，这就是借力使力！

善于努力的执行者远不如善于借力的执行者，靠自己的努力终究能力是有限的。能够让他人发挥自己的作用，达到预定目标的能力，才是卓越的执行力。一个执行精英再有本事，充其量不过是个巫马期，用努力和勤奋经营单父县。

学会打"借"字牌

生活中有很多与"借"有关的词，比如借鸡生蛋、借刀杀人、借花献佛、借水行舟、借东风，其实说的都是善于借助外力来实现自己的目的。

丹尼尔·洛维格所创立的企业王国，是一个庞大复杂得令人不可思议的跨国公司，它包括全部独资或拥有多数股权的遍布世界各地的许许多多产业：一连串的储蓄放款的信贷公司，许多家旅馆和许多座办公大楼，从澳洲到墨西哥各地的许多家钢铁厂、煤矿及其他自然资源的开发经营公司，在巴拿马和美国佛罗里达州的石油和石油化学工业炼油厂，等等。除此之外，洛维格还拥有一支总吨位达500万吨的，足以同希腊船王的船队相媲美的世界性船队。

然而，令人感到惊诧的是，这一切都是丹尼尔·洛维格白手起家，依靠自己的聪明才智所取得的。其中，他独特、高明的借钱赚钱方式，是他的事业得以成功的最重要因素。

丹尼尔·洛维格1897年6月出生于密歇根州一个叫南海温的小地方，他的父亲是一个做投机生意的房地产掮客，生意还算顺手，但并不富有。在他10多岁的时候，父母分居了，他归父亲抚养。这时，他父亲发现在德克萨斯州一个以航运业为主的名叫阿瑟港的小城，有些房地产生意的机会，于是，他们便迁居到那里。由于洛维格对船十分着迷，他高中未毕业就辍学到码头上找了个工作。就这样，他东漂西荡地混了好几年。最后，在一家航业工程公司安定了下来，他的职务是到全国各地港口为船舶安装各种引擎。他很喜欢这份工作，并且发现自己是个好手，于是，他开始利用晚间，为自己找些安装和修理的兼职工作。19岁那年，他私人接的工作一个人已做不完了，于是就辞了公司的工作，寻找机会开创自己的事业。

洛维格从19岁开始经营自己的事业，在此后的20多年中，他一直没有财星高照，走上鸿运。他在航运业里碰来碰去，做些买船、卖船、修理和包租的生意，有时赚钱，有时赔钱，他手头的钱一直很紧，几乎一直有债务缠身，好几次都频临破产的边缘。

一直到30年代中期，年近40岁的洛维格才开始时来运转。这归功于他高明的借钱赚钱的经营方式。最初，他仅仅是想通过贷款买一条普通的旧货轮，打算把它改装成油轮（运油比运货的利润高）。他找了好几家纽约的银行，银行的职员们瞪着他磨破了的衣领，问他能提供什么担保物。洛维格双手一摊，他没有值钱的担保物，借钱只得告吹。最后当他来到纽约大通银行时，他提出他有一条可以航行的老油轮，现在正包租给一家信誉卓著的石油公司。这条老油轮和那家信誉卓著的石油公司，帮了洛维格的大忙，大通银行可以直接从石油公司收取包船租金作为贷款利息，用不着担惊受怕，只要这条老油轮不沉，石油公司不倒闭，银行就不会亏本。

银行就按着这个条件，把钱借给了洛维格。洛维格买下了那条想买的老货轮，把它改装成为一条油轮，将它包租了出去。接着，他又用同样的办法，拿它作了抵押，又贷了另一笔款子，买下了另一条货轮，又把它改装成油轮包租出去。如此这般，他干了许多年。每还清一笔贷款，他就名正言顺地净赚下一条船。包船租金也不再流入银行，而开始落入洛维格的腰包。他的资金状况，他的银行信用，还有他的衣领，都迅速地有了很大的改观。

洛维格开始发财了。这时，他的脑袋里又产生了一个更加绝妙的借钱构想。他想，既然可以用现成的船贷款，那么为什么不可以用一条未造好的船贷款呢？洛维格的具体设想是这样的：他先设计好一条油轮或其他的船，但在安放龙骨前，他就找好一位愿意在船造好以后承租它的顾客。然后，他拿着这张包租契约前往银行申请贷款，来建造这条船。贷款的方式是不常见的“延期偿还贷款”，在这种条件下，在船未下水以前，银行只能收回很少还款，甚至一文钱也收不回。一旦船下了水，租金就开始付给银行，其后贷款偿还的情况，就和前述一样了。最后，经过好几年，贷款付清之后，洛维格就可以把船开走，他自己一分钱未花就正式成为船主。

当洛维格把自己的构想告诉给银行时，银行的职员们都惊呆了。当他们清醒过来，经过认真研究之后，便采纳了洛维格的构想，同意贷款。对于银行来说，这是一个不会赔本的贷款，在效力方面来讲，这个贷款受到两个经济上独立的公司或个人的担保，这样，假设其中一个出了问题，不能履行贷款合同，另一个不一定会有同样的问题，所以银行反而认为它借出的钱多了一层保障。更何况，此时的洛维格早已不是以前的穷光蛋了，他不仅有大笔的财产，还有良好的及时归还贷款的信誉。

借钱赚钱的方式，被洛维格很快地推行到他的所有事业上，真正开始了他那庞大财富积聚的冒险过程。最初，他是向别人租借码头和造船厂，很快就改为向别人借钱修建自己的码头和造船厂。这一切都给他带来极为可观的丰厚的利润。洛维格如同坐上了幸运之船，他这种借钱赚钱的方式，又遇上了第二次世界大战这个良好时机，他所有的船，所有的造船厂都生意兴隆，从 40 年代初一直持续到 40 年代末。

可见，一个人是完不成大合唱的，必须借他人之力。想成大事者，最紧要的任务是学会打“借”字牌，从他人那里获得资源，获得力量。

合作带来双赢

天空有无尽的湛蓝，但仍为白云留出了些许空间，于是，蓝天满足了白云，白云点缀了蓝天。

海洋有怒吼的波涛，但仍为游鱼留下了些许空间，于是，海水养育了游鱼，游鱼丰富了海洋。

花朵用香甜的蜜汁，养育了翩翩起舞的蜂蝶，蜂蝶也用辛勤的劳作让花的芬芳远播；紫藤萝用花朵把枯枝打扮得熠熠生辉，枯枝也用坚实的身躯支撑起紫藤萝向上攀援的空间。

一位睿智的老果农，数十年如一日地研究果树新品种，最终获得了成功。令人不解的是，他将自己的成果挨家挨户地送给自己的邻居。在他的引导下，全村的果园里种的都是他的优良品种。有人好奇地问他，他回答说：“我是为了自己的果树，如果邻居用的仍是旧品种，那我的果树也会被传播的花粉影响。”

如今，我们所处的正是一个合作的时代，合作已成为人类生存的手段。科学知识向纵深方向发展，社会分工越来越精细，人们不可能再成为百科全书式的人物。每个人都要借助他人的智慧完成自己人生的超越，这个世界充满了竞争与挑战，也充满了合作与快乐。不善于合作就会给自己的工作和生活带来许多的麻烦。

随着社会的发展，人们越来越需要精诚团结，在共同的大目标下努力把事情做好。虽然我们生活在一个竞争取胜的社会，但社会需要的不是你死我活的争斗，不是相互残杀，而是共同发展。只有这样，我们的社会才能进步，我们的国家才能有希望，我们每一个人才能得到更好的发展。

合作已经成为这个时代最亮丽的一道风景线。合作可以集思广益，弥补个人能力的不足；合作可以创造高效率；合作能让人感到人与人之间的温暖；合作是成功的基石。合作精神是每个人适应社会、立足社会、谋求自身发展不可或缺的重要素质。与人合作的能力，已成为当今世界人才的重要素质之一。

查尔斯·赫梅尔说："我们的星球，犹如一条漂泊于惊涛骇浪中的航船，团结对于全人类的生存是至关重要的。"我们都是只有一个翅膀的天使，只有相互关爱，才能展翅飞翔。

个人的学识与力量是有限的，必须依靠他人的学识及力量方能完成任务。在这个世界上，有的人并非很有才华，但他们却有一个无形的资产——良好的人际关系，就因为这无形的资产，使他在各方面各领域都能平步青云。

生活在群体中，就必定要与他人分工合作，分享成果，互惠互助。因此，学会协作，就是迈好人生的每一步。

一名教育家邀请几个学生做一个有趣的实验：一个小口瓶里，放着7个穿线的彩球，线的一端露出瓶子。这只瓶子代表一栋房子，彩球代表屋里的人。房子突然着火了，只有在规定时间内逃出来的人才可能生存。教育家请7名学生各拉一根线，听到哨声便以最快的速度将球从瓶中取出。实验即将开始，所有的目光都集中在瓶口上，哨声响了，7个学生一个接一个，依次从瓶子里取出了自己的彩球，总共才用了3秒钟。在场的观众情不自禁地鼓起掌来。

这位教育家大声说："我的实验终于成功了，你们真了不起！我在许多地方做过这个实验，都从未成功，最多逃出一两个人，多数情况是几个彩球同时卡在了瓶口。我从你们身上看到了一种可贵的协作精神。"

只有相互协作，一个人才能汲取更多的营养让自己变得强大，一桩事业也才能聚集起更大的力量以获得成功。不会合作的人将一事无成！指挥家轻舞手中的指挥棒，悠扬的音乐便从乐器师的嘴唇边、指缝里倾泻出来，流进人们的心田。是什么力量使上百位乐师、数十种不同的乐器合作得这样完美和谐？那就是合作。

合作像一盏灯，照亮别人也温暖自己，怀着合作思想上路的人，一生都将生活在成功里。合作是一种非常实用的人生理念。只要你熟谙与人合作的诀窍，很快你就会成为成功之林的雄伟巨木。

合作是每个社会人的必修课。当我们踏入社会，合作就无时不在，无处不在。作为人类生存与发展赖以继续的一种行为模式，合作在人类社会的发展历程中扮演着重要角色。是合作使我们彼此了解，是合作使我们互通有无，是合作使我们化干戈为玉帛。翻开历史的画卷，我们可以发现：但凡成功之士都是会合作的智者，因为合作才能双赢。

一句话感悟

合作可以做到集思广益，使个人得以更全面的发展；合作可以做到优势互补，使团队创造更高效率；合作可以做到资源共享，使企业获取更大的利润；强大源于合作，1+1>2已是当今时代不争的事实。

---

5. 不认输，认输不等于屈服

在赢之前学会认输

1997年，巨人集团由于决策失误，濒临破产，董事长史玉柱负债2亿多。用他自己的话说："那时我是全国最穷的人。"之后，他吸取教训，负重奋起，开发了"脑白金"，3年后奇迹般地反败为胜，还清了巨额债务。他以自己卓越的成就和诚信的品格，被评为"2001年CCTV中国十大经济年度人物"。在颁奖典礼上，主持人与史玉柱有这样一段问答：

"巨人失败后的一段时间，你像失踪了一样，都是在做什么？"

"隐姓埋名，每天拿一本书，到林子里静静地读，反思。"

"对于巨人的失败，你怎么看？"

"巨人倒了怪不了别人，那是我的错。我本人和当时的班子极不成熟。"

他侃侃而谈，列出了自身存在的大量问题。史玉柱重新崛起的因素诸多，而敢于认输，深刻自省，或许是其中的关键。

从史玉柱，我们不禁联想到历史上许多不敢认输、不会认输的人。项羽自刎前，说："此天之亡我，非战之罪也！"他把失败的原因归于天意。其实，假如再给他千军万马，他也会输个精光，因为他根本没弄明白自己为什么会输。

关羽败走麦城，说："我今误中计，有死而已，何必多言!"其实，即使再给他机会，他还是会输，因为他没有发现自己刚愎自用的弱点。

每个人都要经历胜负，都要面对失败。而面对失败，善于认输，是成功者的必备素质。

学会认输，是一种风度。我们见过这样的人：一帆风顺时，得意扬扬，乐于炫耀，一旦失败，便羞惭焦躁，耿耿于怀。这是输得没风度。输了后心悦诚服，大大方方，是风度；"英雄好汉，越输越笑"，是风度；输了后微笑着向对手表示祝贺，更是风度。

学会认输，是一种心理弹性。输了后，能把自己放到输者的位置，可上可下，轻松潇洒；能稳住阵脚，而不是一蹶不振，一溃千里。输了就输了，何必放在心上，拍拍手笑一笑，依然是晴空万里。输了后，不压抑心情，是心理成熟、健全的标志。

学会认输，是一种生存智慧。在处于弱势时，示弱以自保，以退求进，以屈求伸，是智慧；真正反省自己的不足，清醒地看到自己的优势和劣势，找准自己的坐标，摆正自己的位置，是智慧；能够深入研究对手，吸纳对手的长处，找到对手的短处，是智慧；积蓄力量，等待时机，完成新的飞跃，更是智慧。

学会认输，是一种人生境界。"看成败，人生豪迈，只不过从头再来。"如此豪放的人生态度，未尝不是一种人生修炼上的成功。只要真心奋斗过，即使失败也有价值，结果并非最重要的。坦然认输，心地光明磊落，海阔天空；进退自如，刚柔相济。

学会认输，就是知道在摸到一手臭牌时，不要再希望这一盘是赢家。只有傻子才在手气不好的时候，对自己手上的一把臭牌说，咱们只要努力就一定会赢。当然，大多数人在摸到臭牌的时候会对自己说，这一盘输定了，别管它了，喝杯茶歇一歇，下回再来。打牌时能如此明智，在生活中却不愿放弃手中的"臭牌"。想想看，你手中是不是还捏着一张，舍不得丢掉?

学会认输，就是在陷进泥塘里的时候，知道及时爬起来，远远地离开那个泥塘。有人说，这个谁不会呀？不会的人多了。那个泥塘也许是个“国营单位”，也许是个投资项目，也许是个三角和多角恋爱，也许是个当作家的梦。有的人在这样的泥塘里是怎样想的？他会想，让人家看见我一身的污泥多难为情呀，或者想，也许这不是个泥塘而是个宝坑呢；还会想，泥塘就是泥塘，我认了，只要我不说，没有人会知道；甚至会想，就是泥塘也没关系，我是一朵荷花，婷婷玉立，出污泥而不染也！

学会认输，就是在被狗咬了一口时，不会下决心也咬狗一口；就是在被蚊子咬一口后，不会到蚊子法庭去讨公道。你会说，这有什么难懂，我又不是傻子！不过，在现实生活中，很多人被另一类狗咬了以后，很难做到不去跟狗较劲。至少我们常见到这样的人，他不承认现实中有“蚊人”和“走狗”，他永远在抱怨蚊子的可耻和狗的卑鄙，总是像蚊子一样喋喋不休，张口就是“狗日的，气死我了……”以证明他正与狗在讲理。

学会认输，就是上错了公共汽车，及时下来，另外坐一辆车。只是人们这样的行为，一旦不是在公共汽车上出现，就不太愿意下车了。比方说，如果是一桩婚姻，如果是写一个剧本，如果是从事一个发明，于是你努力向售票员证明是他的错，是他没有阻止你登上汽车；于是你就努力说服司机改变行车路线，让他朝着你的正确路线前进；于是你就下决心消灭这辆汽车，因为消灭一个错误也是件伟大的事业；于是你就坚持坐到底，因为在九百九十九次失败后也许就是最后的成功。

在人生道路上，我们常常被高昂而光彩的词汇弄昏了头，以不屈不挠、百折不挠的精神坚持死不服输，从而输掉了自己！

学会认输这一课没有哪个学校开设，却是人人应学会的。生活的辨证法告诉我们：一个不善后退的人无路可走，一个不会认输的人不懂得面对成功。认输不等于软弱，不等于溃败，不等于沉沦，不等于放弃；认输是否定旧我，更是树立新我。收回拳头不是怯懦，而是为了打出去时更有力。所以，只有懂得认输的人，才能真正战胜自我，在沉沉黑夜眺望灿烂的黎明——明天，将属于你！

妥协不是屈服

生活中解决争斗的方式有许多种，但有时“妥协”无疑是最符合“经济”原则的一种方式。

“妥协”是双方或多方在某种条件下达成的共识，在解决问题时，它不是最好的方法，但在没有更好的方法出现之前，它却是最好的，因为它有不少的好处。

首先，妥协可以避免时间、精力等“资源”的继续投入。在“战果不丰，胜利无望”，而自身资源日渐消耗殆尽时，妥协可以立即停止消耗，使自己有喘息、休整的机会。也许你会认为，强者不需要妥协，因为他资源丰富，不怕消耗。理论上是这样的，但问题是，当弱者以飞蛾扑火之势咬住你时，强者纵然得胜，也是损失多于战利品，所以，强者在某些状况下也需要妥协。

其次，你可以借妥协的和平时期来扭转你在战争中的劣势。对手提出妥协，表示他有力不从心之处，他也需要喘息，说不定他根本想要放弃这场“战争”。如果是你提出的，而他也愿意接受，并且同意你所提的条件，表示他无心或无力继续这场“战争”，否则他是不太可能放弃胜利的果实的。因此，妥协可创造“和平”的时间和空间，而你便可以利用这段时间来引导“敌我”态势的转变。

再次，妥协可以维持自己最基本的“存在”。妥协一般附带有条件，如果你是弱者，并且主动提出妥协，虽然可能要付出相当的代价，但却换得了“存在”。存在是一切的根本，没有存在，就没有明天，没有未来。也许以这种方式结束争斗，使你感到有失尊严，感到屈辱，但用屈辱换得存在，换得希望，也是值得的。

“妥协”有时会被认为是屈服，是软弱的“投降”，但妥协其实是非常务实、通权达变的丛林智慧。

凡是人性丛林里的智者，都懂得在恰当时机接受别人的妥协或向别人提出妥协，毕竟人要生存，靠的是理性，而不是意愿。

不过，“妥协”也要看具体状况。

首先，要看你的大目标何在。也就是说，你不必把资源浪费在无益的争斗上，能妥协就妥协，不能妥协，放弃战斗也无不可。但若你争的本就是大目标，那么绝不可轻易妥协。

其次，要看“妥协”的条件。若要面子就要求面子，要里子就要求里子，但不必把对方弄得无路可退，这不仅是为了道德正义，也是为了避免逼虎伤人，是有利害考虑的。如果你是提出妥协的弱势者，且有不惜玉石俱焚的决心，相信对方会接受你的条件。

总之，“妥协”可改变现状，转危为安，是战术，也是战略。

一句话感悟

认输不等于软弱，不等于溃败，不等于沉沦，不等于放弃；认输是否定旧我，更是树立新我。收回拳头不是怯懦，而是为了打出去时更有力量。所以，只有懂得认输的人，才能真正重新认清自我，在沉沉黑夜中追寻黎明——明天，将属于你！

---

6. 面子，是最不值钱的东西

何谓打肿脸充胖子

几十年前，林语堂先生在《吾国吾民》中认为，统治中国人的三女神是“面子、命运和恩典”。“讲面子”是中国社会普遍存在的一种民族心理。面子观念的驱动，反映了中国人尊重与自尊的情感和需要，丢面子就意味着否定自己的才能，这是万万不能接受的，于是，有些人为了不丢面子，便通过“打肿脸充胖子”的方式来显示自我。

林语堂先生的“打肿脸充胖子”和叔本华的哲学大有相似之处，叔本华说：“虚荣的人被智者所轻视，愚者所倾服，阿谀者所崇拜，而为自己的虚荣所奴役。”

虚荣心是一种常见的心态，因为虚荣与自尊有关。人人都有自尊心，当自尊心受到损害或威胁，或过分自尊时，就可能产生虚荣心，如珠光宝气招摇过市、哗众取宠，等等。

虚荣心是一种递增发展的事物，好像一只被吹起来的气球，总是希望越吹越大。生命的虚荣心是无限的，俗话说做了皇帝还想成仙，满足了一个愿望，随之又产生了两三个愿望。满足了这个细小的愿望，很快又新生了些庞大的愿望。由此可见，虚荣心具有一种强烈的渴求的力量。求而得之，则满足快乐；求而不得，便苦恼愁闷，寻求新的获得途径。

虚荣心不同于功名心。功名心是一种竞争意识与行为，是通过扎实的工作与劳动取得功名的心向，是现代社会提倡的健康的意识与行为。而虚荣心则是通过炫耀、显示、卖弄等不正当的手段来获取荣誉与地位。虚荣心很强的人往往是华而不实的浮躁之人。这种人在物质上讲排场、搞攀比；在社交上好出风头；在人格上很自负、嫉妒心重；在学习上不刻苦。

从近处看，虚荣仿佛是一种聪明；从长远看，虚荣实际上是一种愚蠢。虚荣者常有小狡黠，却缺乏大智慧。虚荣的人不一定少机敏，却一定缺远见。虚荣的女人是金钱的俘虏，虚荣的男人是权力的俘虏。太强的虚荣心，使男人变得虚伪，使女人变得堕落。

许多习惯于挥霍的人，往往不是因为自己觉得这件物品非买不可，而是想要享受一掷千金的快感，享受让人羡慕的虚荣感。

这种人觉得没钱就代表丢面子，所以非要展现出富豪之家的气势，为的就是逞一时之快，却没想到当习惯变成瘾，而瘾又戒不掉的时候，就必然要付出惨痛的代价。结果，之前辛辛苦苦建立的豪华排场、华丽形象，在一夜之间土崩瓦解，那种从云端重重摔下的感觉其实才是真正的丢面子。

有些人永远无法面对自己现在所处的位置，一心一意想把自己和不同阶层的人放在同一个天平上比较，然后用不健康的心态去面对残酷的事实。

当自己没钱的时候，喜欢和有钱人比较；当自己有钱的时候，喜欢和更有钱的富豪比较。一路比较下来，除多了一层又一层的假面具之外，还养成了打肿脸充胖子的习惯，得不偿失。

无法过优越的生活，无法让全身上下都是名牌，无法任意挥霍，这些都不应该是让一个人丢脸的原因。因为它们本来就只存在于一小部分人身上，而99%的人都必须精打细算，必须为了打卡受塞车之苦，必须有选择地消费，这是多么平常而大众化的现象，哪里有可耻之处呢？

相比之下，明明没有钱，还装阔佬和别人抢付账单，事后挨饿度日，或是三天两头跟朋友借钱过日子；明明连吃饭都有问题了，还学人家买名牌，用光鲜亮丽的外表遮掩丑陋难堪的背后，这才是打肿脸充胖子最大的悲哀。

承认自己不如人

在不利的环境下我们要勇于说“不”，千万别过多地考虑“面子”，而陷入“面子观”的怪圈之中。

事实上，我们没必要为了面子而让别人觉得自己处处比别人强，仿佛自己什么都能做到。每个人都有缺陷，不要试图每一件事都比别人做得好。聪明的人，敢于承认自己不如人，也敢于对自己不会做的事说“不”，所以他们能赢得一个舒适的人生。

一位作家的寓所附近有一个卖油面的小摊子。一次，作家带孩子散步路过，看到生意极好，所有的椅子都坐满了人。

作家和孩子驻足围观，只见小贩把油面放进烫面用的竹捞子里，一把塞一个，仅在刹那之间就塞了十几把，然后他把叠成长串的竹捞子放进锅里烫。

接着他又以迅雷不及掩耳的速度，将十几个碗一字排开，放盐、味精等，随后捞面、加汤，做好十几碗面前后竟花了不到 5 分钟，而且他还边煮边与顾客聊天。

作家和孩子都看呆了。当他们从面摊离开的时候，孩子突然抬起头来说：“爸爸，我猜如果你和卖面的比赛卖面，你一定输！”

对于孩子突如其来的谈话，作家莞尔一笑，并且立即坦然承认，自己一定会输给卖面的人。作家说：“不只会输，而且会输得很惨。我在这世界上是会输给很多人的。”

他们在豆浆店里看伙计揉面粉做油条，看油条在锅中涨大而充满神奇的美感，作家对孩子说："爸爸比不上炸油条的人。"

他们在饺子馆，看见一个伙计包饺子如同变魔术一样，动作轻快，双手一捏，个个饺子大小如一，晶莹剔透，作家又对孩子说："爸爸比不上包饺子的人。"

当我们放眼这个世界的时候，如果以自我为中心，很可能会以为自己了不起，可一旦我们平静下来，就会发现自己可以是某个行业的佼佼者，但不可能成为三百六十行的状元。用坦诚的心去观察自己，你就会发现自己是多么的渺小。我们什么时候看清自己不如人的地方，就是对自己真正有信心的时候。

我们常常被那些华丽而光彩的语句冲昏了头，以不屈不挠、百折不回的精神坚持自己的强势，在一个小领域里死要面子强撑下去，最后却输掉了整个人生。所以，正确剖析自己，敢于承认自己技不如人，放下不值钱的面子，走出面子围城，这不是无能，而是聪明之举。

即使卑微，也要有尊严地活着

在现实中，面子不仅影响到人们的消费方式，影响到理财，更重要的是，面子还影响到人们的职业生涯，甚至决定了一个人的命运。按说人们在社会上凭工作能力获得收入，合法合理合情，没有什么没"面子"的。但是，人们总是讲究一种看不见摸不着的"面子"，似乎这种"面子"比自己的生存都还重要，哪怕自己生活困难，依靠政府低保或父母养活也不愿"屈就"。这种心情是可以理解的，但如果把社会上的一些合法工作岗位也用"面子"来分成三六九等，并不切实际地吸纳和排斥，这就是有百害而无一利了，在社会竞争如此激烈的今天，每一个工作平台都非常宝贵，而对于每一位就业者来说，只有有了平台，才能发挥自己的能力和才华，如果连个平台都没有，如何能展示自己？

迈克是耶鲁大学的毕业生，他毕业时正赶上美国经济萧条，很多大学毕业生找不到工作，就连迈克这样以前备受欢迎的经济管理专业的毕业生也大量过剩。为了解决生计问题，迈克决定和几位普通院校的毕业生一起去一家小出租车公司应聘做出租车司机，并邀请大学同班同学一块去应聘。但他的想法遭到了同学们的耻笑，他们说："我们可是耶鲁大学的毕业生，怎能去做出租车司机那样的工作？太没面子了。"结果班里只有迈克一人做了出租车司机，其他都在盲目地寻找有面子的工作。

迈克因为懂经营管理，出租车生意异常好，不久，出租车公司经理看中他的经营才能，把他调到身边做了自己的助理。几年后，经理岁数大了，想退休，但子女没有人愿意经营他那只有十几辆车的小公司，经理便找到迈克，以极低的价格把公司转让给了他。有了自己的公司，迈克更积极地发挥自身的才能。又过了几年，他已拥有1000多辆各类汽车和两家子公司，资产达上亿美元，而他的那些同学大部分还只是普通的白领。

生活在别人的标准和眼光之中，本身便是一种痛苦、一种悲哀。真正自信的人是不会背负面子的十字架的。对于社会上一些待业人员来说，你的价值怎么来认定？就是要有一个岗位。单位聘用人员，最怕的就是招聘到"眼高手低"的人。护理工、环卫工都是必须有人来做的，这样的岗位虽然艰苦，虽然很没"面子"，但是"面子"是通过自己的劳动付出赢得的，而不是自己硬争来的，当一个人在最普通的岗位上做得出色，同样能得到人们和社会的尊重，同样很有"面子"。

她是纽约的一位普通工作者，叫安玛莉，她在经历一次中风治愈后，被公司调去开电梯。这实在是一个最最缺乏情趣的工作，但她在接受这份工作的当天就想："我不知道一个普通的电梯工人究竟能做什么，才能使这份工作在我的手上有所不同。"上班的第二天，安玛莉在电梯里贴了一幅画，是一些排列在碗柜里的盘子。后来，她又贴了家人的照片，再后来她又从家里带来鲜花和植物。直到她的CD机里放出音乐，电梯里的乘客才开始相互交谈起来。本来陌生的人们，在安玛莉营造的宽松、融洽、温馨的氛围里，不再隔阂，不再陌生；所有乘坐安玛莉电梯的人都感觉到，原来陌路人也可以成为彼此交流、彼此沟通的朋友。渐渐地，安玛莉发现她起初想着为别人做的事，倒使她自己也跟着发生了变化，并从中获得了许多乐趣。

安玛莉老人的活法，是最有尊严的活法，即使低微的工作，到她手里也要干得“有所不同”。因此，那些上上下下的白领们，没有一个把她当成一个普通的电梯工，而是把她看做一个可亲可敬的长者。可见，人的尊严不是穿多好或职位多高就能拥有的，人的尊严取决于他在爱自己的时候，是否也让接触到他的人分享到一份爱意。

人要脸面原本没有错，但是我们决不能为了过分争求面子，或逞强斗狠，或盲目攀比，打脸充胖，最终落个死要面子活受罪的下场。尊严永远掌握在自己手中，而面子却不尽然，还要看别人给不给。但是有一点是肯定的，有尊严的人一定有面子，有面子的人却不一定有尊严；丢了面子不一定会丢掉尊严，丢了尊严肯定要丢尽颜面。为尊严而活着，虽苦犹甜；为面子而活着，虽阔也苦。

一句话感悟

低调才是最好的炫耀！为了所谓的面子而打肿脸充胖子，死要面子活受罪地强撑着，最后失去的将不仅是面子，而且是自己的尊严。所以我们要放下那些不值钱的面子，走出面子的围城，才是明知之举。

---

7. 不知悔改，知错能改才是健全的人生

承认错误无损你的面子

人无完人，没有人不会犯错误，有时甚至还会一错再错，既然错误是不可避免的，那么可怕的并不是错误本身，而是知错却不肯改，错了也不悔过。

其实，如果能坦诚地面对自己的弱点和错误，再拿出足够的勇气去承认它、面对它，不仅能弥补错误所带来的不良后果，在今后的工作中更加谨慎端正，而且能加深别人对你的良好印象，从而原谅你的错误，所以说，这不但不会失面子，反而是最大限度地得到了面子。

比如你是一位推销人员，在售前、售后等服务中肯定会碰到各种各样的情况。有时会由于产品本身的问题给用户带来很大的麻烦，有时会因服务不周或说明不清而产生误会，这时你是勇敢地承认错误，还是想办法瞒天过海、推卸责任？

曹虎是一位推销员，当他成功地售出自己推销的几件产品时，他发现由于自己的失误，把几件产品的价格颠倒了，有的产品原本价格很高，他却低价出售，有的产品价格很低，他却高价卖出。他想，如果顾客了解到这一情况，一定会对他及他所在的公司产生不好的印象。于是，他专程跑到用户的家中，把这一情况向那些已经买了这些产品的顾客一一说明："如果您不满意的话，可以退货。"结果不仅没有人要求

退货，而且他们都成了这家公司的回头客。

假如我们知道自己免不了要受责备，为什么不抢先一步，积极主动地认错呢？难道自己责备自己，不比别人的斥责要好受得多？要是你知道别人正想指责你的错误，你就应该在他有机会说出来之前，以攻为守，把他要说的说出来，很有可能，他会采取宽厚谅解的态度，原谅你的错误。

一个有勇气承认自己错误的人，可以得到某种满足感。这不仅可以消除罪恶感和自我辩护的气氛，而且有利于解决实质性问题。

布鲁士·哈威是新墨西哥州阿布库克市一家公司的经理，他在给一位请病假的员工核准薪水时犯了个错误，给了他全薪。他发现这个错误之后，告诉这位员工他有必要纠正，在下次发放工资时再予以减扣。这位员工说这会给他带来严重的困难，因此请求分多期扣除多发的工资，但这必须由总经理批准。“我知道这样做，会使老板大为不满。”哈威说，“当我考虑如何更好地处理这个问题时，我意识到这一切都是由于我的粗心造成的，因此我必须向老板承认错误。”

“我走进老板的办公室，把这错误告诉了他，但他大发脾气地说这应该是人事部门的错误，而我坚持说这是我的错误；他又大声指责这是财会部门的错误，我仍说这是我的错误；他又责怪办公室另外两个人，但我仍然坚持这是我的错误。最后，他对我说：‘那你就去改正这个问题吧！’结果，这个错误改正过来了，而且没有给任何人带来麻烦。我自认为很不错，因为我可以处理这种紧急事件，而且有勇气承认自己的错误。从那以后，老板更重视我了。”

如果你有错的话，就勇于认错吧。这种技巧不仅能产生惊人的效果，而且比为自己争辩还有趣得多。这是维护你“面子”的好时机。

如果你总是害怕别人指责自己曾经犯错，那么，请接受以下建议：

假如你必须向别人交代，与其替自己找借口逃避责难，不如勇于认错，在别人没有机会把你的过错到处宣扬之前，对自己的行为负起一切责任。

如果你在工作上出错，要立即向领导汇报自己的失误，这样当然有可能会被大骂一顿，可是上司却会认为你是一个诚实的人，将来也许对你更加倚重，你所得到的可能比你失去的还多。

如果你所犯的错误可能会影响到其他同事的工作成绩或进度，无论同事是否已发现这些不利影响，都要赶在同事找你“兴师问罪”之前主动向他道歉、解释。千万不要企图自我辩护、推卸责任，否则只会火上浇油，令对方更加愤怒。

每个人都会犯错误，尤其是当你精神不佳、工作任务过重、承受太沉重的生活压力时。偶尔犯错是很普通的事情，关键是犯错后要用正确的态度对待它。犯错误不算什么罪大难恕的事，“有则改之，无则加勉”，只有抛开面子，不再固守所谓的自尊，你才能坦诚地面对自己、面对别人。

避免重犯同样的错误

从前，有一个卖手镯的商人背着一袋手镯在翻越一座大山时，觉得很累，便放下袋子，坐在一棵大树下休息，不料却睡着了。

他醒来时发现身旁的袋子不见了，抬头一看，树上有很多猴子，每只猴子的手上都拿着一只手镯。他又是跺脚又是骂，可猴子就是不把手镯扔下来，他只好沮丧地回家了。

第二次，这个商人又在途中的大树下睡着了，手镯同样被猴子拿走了。他十分惊慌，因为如果再取不回手镯，他就无法养家糊口。突然，他想到猴子喜欢模仿人的动作，就试着举起手，果然猴子也跟着他举手；他拍拍手，猴子也跟着拍拍手。

他想，机会来了，他赶紧把自己手上的手镯拿下来，丢在地上；猴子也学着他，将手镯纷纷扔在地上。

卖手镯的商人高高兴兴地捡起手镯，赶到集市卖了个好价钱。

第三次，这个商人路过大树时没敢睡觉，可是猴子们早已认出他了，一哄而上把袋子里的手镯抢了个精光。商人不慌不忙地把手上的手镯扔到地上，他以为猴子们还会像上次那样把手镯扔下来，然而，这次猴子们都一动不动瞧着他看。

正在商人着急的时候，最有智慧的老猴子出现了，它把商人丢在地上的手镯捡了起来，戴在自己的手上，还对着商人的后脑勺打了一巴掌。

这个商人显然不是一个聪明人。聪明人懂得吃一堑长一智，不再犯同样的错误。而他却凡事吃堑后再长智，简直是个十足的傻瓜。

犯错并不可怕，可怕的是不能从错误中吸取教训，总是一而再、再而三地犯同类错误，在同一个地方跌倒几次。一位名人说过：“年轻人如果总是重复犯同样的错误，那他就很容易走向毁灭。”所以，不能事事都要付出高昂的“学费”，更不能凡事都要吃“堑”后再长“智”，重复犯同样的错误！

面对错误，主动承担责任

无论在生活还是工作中，敢于承担责任是一种永远不会褪色的光荣；而同时，不敢承担责任的人，是没有立足于社会和发展自我的机会的。一个懦弱的人，必须培养和树立责任心，才有可能勇敢地承担责任，才有可能去做自己想做的事，否则便会畏首畏尾，永远走不出黑暗。不论遇到什么问题，哪怕是面临失败，也不要灰心丧气，要勇敢地正视它，以积极的态度寻找应变的方法。一旦问题解决了，自信心也会随之增加。

任何一个人，朋友也好，爱人也好，老板也好，他们无一不喜欢与敢于承担责任的人相处、共事和生活。然而，生活中却常常有推卸责任的事情发生。

方平和王浩是同事，他们工作一直都很认真，也很努力。老板也对他们很满意，可有一件事却改变了两个人的命运。

一次，方平和王浩一起把一件很贵重的古董送到码头，没想到送货车开到半路却坏了。因为公司有规定：如果不按规定时间送到，他们就要被扣掉一部分奖金。于是，力气大的方平背起古董，一路小跑，他们终于在规定的时间赶到了码头。这时，心存小算盘的王浩想，如果客户看到我背着古董，把这件事告诉老板，说不定会给我加薪呢。于是他对方平说："先把古董交给我，你去叫货主吧。"

当方平把古董递给他的时候，他一下子没接住，古董掉在了地上，成了一堆碎片。他们都知道打碎了古董意味着什么，丢掉工作不说，可能还要背负沉重的债务。果然，老板对他俩进行了十分严厉的批评。

在他们等待处罚的过程中，王浩避开方平，一个人走到老板的办公室，对老板说："老板，这不是我的错，是方平不小心弄坏了。"

老板把方平叫到了办公室，方平把事情的原委告诉了老板。最后他说："这件事是我们的失职，我愿意承担责任。另外，王浩的家境不好，请您酌情考虑对他的处罚。我会尽全力弥补我们所造成的损失。"

接下来的几天，他们就等待处理的结果。终于有一天，老板把他们叫到办公室，对他们说："公司一直对你们很器重，想从你们两个当中选择一个人担任客户部经理，没想到出了这样一件事，不过也好，这让我们更清楚谁是合适的人选。我们决定请方平担任公司的客户部经理。因为一个勇于承担责任的人是值得信任的。王浩，从明天开始，你就不用来上班了。"

"其实，古董的主人已经看见了你们在递接古董时的动作，他跟我说了他看见的事实。还有，我更看重的是问题出现后你们两个人的反应。"老板最后说。

王浩推卸责任最终落得个失业的下场。你也会像他那样不敢承担责任，害怕灾难降临吗？也许你的不负责任决定了你被淘汰的结果。灾难就是喜欢不敢承担责任的人，好运则喜欢敢于承担责任的人。

在现实生活中，有人为了躲避痛苦，而选择逃避问题、逃避责任。其实，成长就是要经历无数挫折与失败，能够忍受痛苦、承担责任的人，生活才能平平安安、顺顺利利。

有的时候，你在心里可能会有非常好的想法，在老板出现问题的时候，你也想去帮助。可是你就是没有勇气主动站出来，主动为老板解决问题，主动为公司的利益和荣誉着想，主动把责任承担起来。

一句话感悟

一个人如果能坦诚的承认自己的错误，再积极的寻求有效的方法去解决。这不仅能挽回错误所带来的不良后果，而且还能警示自己在今后的工作中更加的谨慎行事，同时还能获得领导与同事的谅解和支持！

第三章　冷眼看尽繁华

——名利是伤人的猛虎

莎士比亚曾经说过：“名利是一件无聊的骗人的东西，得到它的人，未必有什么功德，失去它的人也未必有什么过失。”当今很多人在名利的束缚下，生活得很苦很累，总想自己的一言一行、一举一动都要符合自己成功人士的身份，就像给自己带上了名誉的枷锁，失去了生活的本真。殊不知名利只是身外之物，只有学会取舍，落尽繁华，洗尽铅华，才能获得心灵的自由，享受畅快的人生。

1. 房子，有爱人的地方就有家

事业与房子，谁拖累了谁

在如今的房价只见涨升的情况下，房子只会把你按在砧板上不能动弹。国人对房子不能量力而行的“被动”消费，使得许多人在创业的黄金时期（30～40岁之间），不可避免地背上了沉重的债务。国内曾经风靡一时的《穷爸爸富爸爸》一书，其中心思想就是说，一个人如果想成为富翁，活得跟别人不一样，必须在年轻的时候，尽可能降低消费，将资金用于投资。自住房子虽然从长期看是一种投资，从短期看却是一种消费。

买房与创业，可能在少数人眼里互不妨碍，但对大多数工薪阶层来说，买房后再创业，与其说是一种经济负担，不如说是一种心理负担。人们在单身时的创业冲动和冒险精神，远大于拖家带口之时。

沈方是外资公司的营销总监，繁忙的工作给了他很好的薪金回报。于是他便用自己的收入来购买房产，一方面期望投资的回报，一方面也是对自己辛劳的一种补偿。于是他就像上瘾了一样，购买小户型、购买产权酒店、购买商铺，最近他又筹备着异地置业。事实上投资房产牵扯了太多的精力，他的工作业绩每况愈下。而且他所有的投资都没能达到预期的回报，而必须要支付的贷款又让他不能对工作掉以轻心，于是他感到自己有些不堪重负。

张海燕是独生女，父母在她工作一年之后就为她买了一处房产。而那时她有一个去美国进修两年的机会。尽管这次进修会为她的事业展现一片新天地，但是为了不辜负父母的好意，以及自己能拥有一个独立空间的诱惑，她最后选择了暂时安逸的生活，但是她的事业却不可避免地进入了平台期。她也感慨，房子暗示的安逸使她失去了事业发展的大好时机。现在，张海燕工作稳定，但一事无成，唯一的成就就是结婚了，并且有了孩子，因为她觉得不该让这房子永远空着，所以房子变成了家。

房子是都市生活的寓言，这个寓言不应该过早的和我们相关。

汉时名将霍去病发誓不灭匈奴不成家，虽说有点夸张，但也确实说明，人一旦有了责任心和家庭的温馨，其冒险精神必然大打折扣，这也可能是事业型人士不愿过早结婚的原因之一。

成家与立业，这两件看起来顺理成章的事，在大部分眼里，成了一个可悲的“囚徒困境”。罪魁祸首当然是高房价，从长期看，房价仍然会居高不下。为了一套房子，国人牺牲了太多的生活质量，既有物质享受，又有精神安全，但损失最大的还是创业致富的机会。

把家变成房子

一部普通的都市情感剧《蜗居》成为人们街谈巷议的热点话题，剧中买房引发的事件激起了人们的讨论和感慨，原因在于人们实现“家”的梦想时所遭遇的现实困境。住房成了不少人生活中不能承受之重。

记得有这样一则笑话：蜜蜂疯狂追求蝴蝶，后来蝴蝶嫁给了相貌平庸的蜗牛。蜜蜂不解，垂头丧气地问，我哪儿不好？蝴蝶翩然翻飞，说：人家好歹有一处自己的房子，你还住集体宿舍呢！

那么，现代人婚姻的前提究竟是物质还是精神？

女人找对象，问：“要什么条件的？”答曰：“有车有房，有存款无贷款，有遗产无老人。”数名男子当场脸红筋胀，瀑布汗飞流直下三千尺。

在现代社会，不断努力奋斗，考上一所好大学，在人才济济的大城市里谋得一个职位，买房买车，这是很多人眼中成功的标志。然而，一个人事业的成功真的能靠一所住宅或者一辆轿车来衡量吗？

有的人，因为怀揣着对梦想的追求，拿到的薪水虽微薄，但内心得到的成功感足够强大。

有的人，朝九晚五，在100平米被隔出60个工作间的办公室里工作，从不迟到。这样的人拥有真才实学，踏踏实实完成每天的工作。上班的时候准时到达，下班的时候按时归家。这样的人，平凡却诚恳，朴实且安稳。他们不会把时间消耗在夜总会小姐的身上，更不会有空闲的时间去找一个“二奶”来刺激金钱深渊下的满足感。

还有的人远离家乡，异地打工，辛勤的汗水被太阳蒸发出来，会闪烁出正义的光芒。这样的人，也许没有丰厚的存款，也没有意大利家私装点的住宅，更没有金光闪闪的各种银行卡。他们唯一拥有的是面对命运不堪时的一颗搏斗心。

勇者无敌——这句话已对他们作出了最高的评价。

我们生活的时代，一切都来得太快。当我们还在莽撞的时候，就大学毕业，面临工作，以博得基本的生存自足权。当我们还在懵懂的时候，房价已经如潮水上涨，几乎淹没我们本来就脆弱的身躯。当我们在各种洪流中挣扎着让自己活得更轻松更自由的时候，油价、肉价、药价却在开F1。我们没有足够的时间像父辈那样去体验生活的细枝末节，也没有足够的精力去追随古人的花前月下。在时代的巨浪下，我们每个人求得的只是心灵的片刻知足和宁静，对于生命的知足，对于未来的宁静。

所以，我们大可不必为了一所房子、一辆汽车而卑躬屈膝，也不必为了权力和金钱出卖良心。

24岁的李丽是某医院的护士，男友是大学时的同班同学，两人谈恋爱已有4年了，感情相当稳定。李丽的家人也希望她能找到一个有钱的人家，但她并不为此所动，而是用幸福的生活让家人慢慢默许了这段恋情。

李丽说：“人活在这个世界上，为的是什么，需要的是什么，对于我来说并不是一套房这么简单。即便给我一套豪宅，让我天天对着一个自己不喜欢的人，这辈子还有什么乐趣可言呢？”

如今李丽与男友已步入婚姻的殿堂，虽然两人在未来还有很长的一段路要走，但自认已找到爱情真谛的她不会比任何人过得差，或许只有“同甘共苦”过，爱情才能经得起考验，才能长长久久。

房子应该是奋斗的动力，而不是扼住你喉咙的一双手，仅仅带来恐惧、痛苦和窒息感。慢慢凭借自己的努力实现买房的目标，即便对于已婚人士来说也并不可耻。

王子和公主，并不一定只能在美丽的白金汉宫里才可以谈情说爱。想想看，无论我们现在有多少房产，总有一天会住进集体宿舍般的养老院亦或墓地。所以，物质只是片刻的追随，不必为此愁结。房子是爱情的巢，这个巢要自己营造才温暖。

一句话感悟

竞争激烈，物价猛涨的今天，天价房对一般人来说是可望不可即。所以在时代的巨浪下，我们只求得一个爱意浓浓的港湾。不管它是租来的地下室，还是单位分发的夫妻间。因为有爱就有家，我们大可不必为了一所房子、一辆汽车做房奴和车奴，更不必为了权力和金钱出卖自己的良心。

---

2. 薪酬，衡量你价值天平

培养能力比获得薪水重要

很多人对自己抱有很高的期望，认为自己在工作中应该得到重用，得到相当丰厚的报酬。他们喜欢在工资上相互攀比，似乎工资成了衡量一切的标准。于是我们常常会听到如下怨言：

“老板太抠门了，只给我开这点儿工资，公司一年赚那么多钱，全是他一个人的。还有那位做‘官’的经理，干的活也不比我多多少啊，可他的薪水却比我高出一大块，他拿的多，就该干的多嘛。我只要对得起这份薪水就行了，多一点儿我都不干。”

也许是耳闻目睹父辈或他人被老板无情解雇的事实，现在很多人往往将社会看得比上一代人更冷酷、更严峻，因而也更加现实。

经常有人谈论“家庭主义”，也就是不愿为工作牺牲自己的家庭，只想将私生活放在第一位。比如为了赶工作进度必须加班，他却推说家里有事匆匆离去；但是如果急需一笔款项负担家庭支出，他又会主动要求加班。家庭当然是不可取代的，但是不愿意为工作付出太多的态度，却会影响整个团队的士气。

励志电影《为人师表》的演员之一爱德华·奥尔莫斯应邀参加大学生的毕业典礼时，曾满怀激情地对大学生说：“在大家离开前，我有一件事要提醒各位，记住千万不要为了钱而工作，不要只是找一份差事。我所说的‘差事’是指为了赚钱而做的事情，在座各位当中，许多人在校期间就已经做过各式各样的差事，但工作是不一样的。你对工作应该有非做不可的使命感，并且要乐在其中，甚至在酬劳仅够温饱的情况下，你也无怨无悔。你投入这项工作，因为它是你的生命。”

“追求热爱的事业，而非一份可以挣钱的工作。”这句简单的名言可以加深你对工作的认识，像老板一样看待自己的工作。

如果我们把一个人的人生分为两个阶段，那么，前一阶段是用金钱买智慧，后一阶段是用智慧换取金钱。工欲善其事，必先利其器。我们应该珍惜工作本身带给自己的报酬。譬如，艰难的任务能锻炼我们的意志，新的工作能拓展我们的才能，与同事的合作能培养我们的人格，与客户的交流能训练我们的品性。公司是我们成长中的另一所学校，工作能够丰富我们的经验，增长我们的智慧。与在工作中获得的技能和经验相比，微薄的薪水就显得不那么重要了。公司支付给你的是金钱，工作赋予你的是令你终生受益的能力。

某公司有一位员工，已经工作 10 年了，薪水却不见上涨。一天，他终于忍不住内心的不平，当面向老板诉苦。老板说："你虽然在公司呆了 10 年，但你的工作经验却不到 1 年，能力也只是新手的水平。"这名可怜的员工在最宝贵的 10 年中，除了得到 10 年的新员工工资外，别无所获。

在当今这个日益开放的年代，这名员工能忍受 10 年的低薪和持续的内心郁闷而没有跳槽到其他公司，足以说明他的能力的确没有得到其他公司的认可，换句话说，现任老板对他的评价基本上是客观的。

这就是只为薪水而工作的结果！

在一个人的事业发展过程中，能力比金钱重要万倍。一个人若只从工作中获得薪水，而其他一无所得，无疑是很可怜的。

首先，工作的目的和回报并不是为了薪水。对于立志自己创业的人来说，他们更加注重经验的积累与社会关系的交往，他们知道金钱最终会有的，他们不想千方百计地从雇主身上获取一些小钱，他们更关注未来属于自己的大钱。

一位纽约的百万富翁在回顾自己的成功历程时说，当年，他在一家百货公司的薪水最初只有每周七美元零五十美分，后来一下子就涨到了每年一万美元，中间竟然没有任何的过渡，没过多久，他还成为了这家百货公司的合伙人。

刚去公司的时候，他和公司签订了 5 年的工作合约，约定 5 年内薪水保持不变。但他暗下决心，绝不满足于每周七美元零五十美分的低微薪水，绝不能就此不思进取，他一定要让老板知道，他绝不比公司中的任何一个人逊色，他是最优秀的人。

他的工作质量很快引起了周围人的注意。3 年之后，他已经如鱼得水、游刃有余，以至于另一家公司愿意以 3000 美元的年薪，聘用他为海外采购员。但他并没有向老板提及此事，在 5 年的期限结束之前，他甚至从未暗示过要终止工作协定，尽管那只是一个口头的约定。也许有人会说，不接受如此优厚的条件，他实在是太愚蠢了。但是，在5年的合同到期之后，他所在的公司给予了他每年10000美元的高薪，后来他还成为了该公司的合伙人。

其次，作为一个社会人，每个人都需要工作。工作给予我们的回报绝不仅仅是升迁和加薪，就如同参与体育比赛的目标不只是金牌与奖金一样，你是否从中得到了锻炼、乐趣与享受，是否在与人交往中感受到了快乐，是否给自己创造了更多的机会？如果你单纯为了薪水而工作，将来就有可能会为自己陕隘的眼光付出代价，因为人的价值会随着时间的流逝渐渐丧失，在不远的将来你还会连这个工作也丢掉。

不要计较目前的薪水，把眼光放得长远一些吧！只要你满腔热忱地全心投人，为了追求自我价值的实现，创造价值和服务社会而工作，那么，你就会像那些取得卓越成就的顶级富豪一样，创造出崭新的局面，而你每天工作的时候自然也会感到充实快乐。

改变观念，把职业当事业

生活中，有些人是幸运的，他们能够找到一个很好的职业并终身为之奋斗；然而，很多人不会那么幸运，他们总是被命运安排错地方，总是在不断的挪动中寻求属于自己的理想职业。当然，很多人职业的错位与自身的性格有很大关系，所以，在你计划改换门庭时，不妨认真考虑一下，以一种全新的视角观察一下公司，拷问一下自己的心灵与心态，弄明白自己究竟想要追求什么样的工作和生活。

弄明白这个问题之后，我们就应该选准一行坚定不移地做下去。也许在开始的时候或某些阶段，经济上的收益并不能令人满意，但只要是兴趣所在，而且这一行真的适合自己，就应该不为眼前利益所动，咬牙坚持下去。你今天所做的一切，都将成为明天成功的基础，随之步入一条可持续发展的轨道。如此这般，日积月累，成功是必然的，它可能早一天，也可能晚一个月到来，但无论迟早，它肯定要来。

齐勃瓦出生在美国乡村，只接受过很短的学校教育。15 岁那年，一贫如洗的他就到一个山村做了马夫。他不甘沉沦，不甘心一辈子做马夫，因此无时无刻不在寻找发展的机会。3 年后，齐勃瓦终于来到钢铁大王卡内基所属的一个建筑工地打工。虽然他也是一个进城的农民工，但是，从进入建筑工地第一天起，齐勃瓦就下定决心，要做同事中最优秀的人。当其他人在抱怨工作辛苦、薪水低微的时候，齐勃瓦却默默地积累着工作经验，并自学建筑知识。

晚上吃过晚饭，工友们往往扎在一起闲聊或打扑克，只有齐勃瓦躲在角落里看书。一次，公司经理到工地上检查工作，在视察工人宿舍时，看见了齐勃瓦手中的书，又翻了翻他的笔记，什么也没说就走了。

第二天，经理把齐勃瓦叫到办公室问道："你学那些东西干什么?"齐勃瓦不慌不忙地回答说："我想公司并不缺少打工者，缺少的是既有工作经验，又有专业知识的技术人员和管理者，是不是?"经理点了点头。

不久，齐勃瓦被破格升任为技师。有人讽刺挖苦齐勃瓦，但是他回答说："我不光是在为老板打工，更不单纯是为了赚钱，我是在为自己的梦想打工。我们只能在工作业绩中提升自己。我要使自己的工作所创造的价值，远远超过所得的薪水。我把自己当做公司的主人，就能获得发展的机遇。"

正是抱定了这样的信念，齐勃瓦努力工作，刻苦钻研，系统掌握了技术知识，一步步升到了总工程师的职位。25 岁那年，他终于当了这家建筑公司的总经理。

工作固然是为了生计，但是比生计更可贵的，就是在工作中充分发掘自己的潜能，发挥自己的才干。如果工作仅仅是为了面包，生命的价值也未免太低俗了。

一句话感悟

如果一个人总是抱怨自己拿到的酬劳过少，他是看不到工资背后的成长机会。对于一个立志创业的人来说，他更注重的是经验的获取与人脉关系的积累。他不会算计如何从雇主的身上挣些小钱，而是更关注如何在现在的工作经历中，为自己未来的事业打下的基础。

3. 金钱，金钱虽好，可不能贪恋

享受生活而不是享受金钱

对于个人来说，过多的财富是没有什么用的，除非你是在为社会创造财富，并把多余的财富贡献给了社会。“拥有便是损失”，财富的拥有超过了个人所需的限度，那么拥有越多，损失越多。

生活是平实的，但平实中却蕴涵着许多东西，它像泥土一样真实而粗糙，如果你对它抱有不切实际的幻想，你就难免会失望。像自然界有风雨阴晴一样，生活也不会总是一帆风顺，如果你对此没有思想准备，你可能就会彷徨悲观。生活也不会总是充满着戏剧性的高潮，更多的时候它是平凡琐碎的，甚至显得沉闷。你怎么可能指望它天天都如狂欢节一般呢?

但这并不是说生活就是一桩枯燥乏味的苦差事。法国雕塑家罗丹说过:"生活中不是缺少美，而是缺少发现美的眼睛。"生活中有着许许多多的美好，许许多多的快乐，关键在于我们能不能发现。而要发现它，关键在自己。

一个青年人老是埋怨自己时运不济，发不了财，终日愁眉不展。

这一天，一位老人问他:"年轻人，你为什么不高兴?"

青年人回答:"我不明白我为什么老是这么穷。"

"穷? 我看你很富有嘛!"

"这从何说起?"青年人问。

老人没有直接回答，而是说:"假如今天我折断你的一根手指，给你1000元，你干不干?"

"不干。"

"假如斩断你的一只手，给你1万元，你干不干?"

"不干。"

"假如让你马上变成80岁的老翁，给你100万元，你干不干?"

"不干!"

"这就对了，你身上的钱已经超过100万元了，你还不高兴吗?"

老人说完笑吟吟地走了，留下那个青年在思索。

的确，你不但可以自己创造财富，而且你自己还是这些财富的拥有者。生活是你自己的，一切都在你自己。

拥有财富，是每个人都希望的，也是当今许多人为之奋斗的目标，财富在某种程度上成了一个人成功的标志。怎样看待财富呢? 这又是我们生活中所面临的一个问题:有的人衣食富足却抑郁寡欢，而有的人虽然清贫，每日粗茶淡饭，却能幸福快乐。

可见，金钱并不是唯一能够满足心灵的东西，虽然它能为心灵的满足提供多种手段和工具，但在现实生活中，你却不能只顾享受金钱而不去享受生活。享受金钱只能让自己早日堕落，而享受生活却能够使自己不断品尝人生的幸福。享受金钱会使自己被金钱的恶魔无情地缠绕，于是自己的生活主题只有“金钱”两字，整天为金钱所困惑，为金钱而难受，为金钱而痛苦，生活便会沦为围绕一张钞票而上演的闹剧。享受生活的人则不在乎自己有多少金钱，多可以过，少一样可以过，问题是自己处处能够感悟到生活。享受金钱的人最后会被金钱妖魔化，绝对没有好的下场。享受生活的人会感觉人生是无限美好的，于是越活越有滋味。

美国石油大王洛克菲勒出身贫寒，在创业初期，人们都夸他是个好青年。当黄金像贝斯比亚斯火山流出的岩浆似的流进他的口袋里时，他变得贪婪、冷酷。深受其害的宾夕法尼亚州油田地区的居民对他深恶痛绝。有的受害者做出他的木偶像，亲手将“他”处以绞指之刑，或乱针扎“死”。无数充满憎恶和诅咒的威胁信涌进他的办公室。连他的兄弟也十分讨厌他，特意将儿子的遗骨从洛克菲勒家族的墓地迁到其他地方，并且说：“在洛克菲勒支配下的土地内，我的儿子变得像个木乃伊。”

由于洛克菲勒为金钱操劳过度，身体变得极度糟糕。医师们终于向他宣告了一个可怕的事实，以他身体的现状，他只能活到50多岁；并建议他必须改变拼命赚钱的生活状态，他必须在金钱、烦恼、生命三者之中选择其一。这时，离死亡不远的他才开始醒悟到是贪婪的魔鬼控制了他的身心。他听从了医师的劝告，退休回家，开始学打高尔夫球，上剧院去看喜剧，还常常跟邻居闲聊，经过一段时间的反省，他开始考虑如何将庞大的财富捐给别人。

于是，他在1901年设立了“洛克菲勒医药研究所”；1905年，成立了“教育普及会”；1913年，设立了“洛克菲勒基金会”；1918年，成立了“洛克菲勒夫人纪念基金会”。

他后半生不再做钱财的奴隶，喜爱滑冰、骑自行车与打高尔夫球。到了90岁，他依旧身心健康，耳聪目明，日子过得很愉快。

他逝世于1957年，享年98岁。他死时，手中只剩下一张标准石油公司的股票，因为那是第一号，其他的产业都在生前捐掉或分赠给继承者了。

对待金钱，你必须要拿得起放得下，赚钱是为了活着，但活着绝不是为了赚钱。假如人活着只把追逐金钱作为人生唯一的目标和宗旨，那么人将是一种可怜的动物，人将会被自己制造出来的这种工具捆绑起来，为生活所遗弃。

金钱也有买不到的东西

不知从什么时候开始，人们嘴里聊天的内容多了许多关于金钱、地位的字眼，有些人甚至成了拜金主义者、唯利主义者，在他们看来，别的什么都无所谓，钱才是好东西，再多也不怕被压趴下。为了钱，为了私利，有的人不择手段，甚至不惜犯法，铤而走险。殊不知，世上也有金钱买不到的东西，甚至金钱多了也会是一件很烦恼的事情。

从前有个特别爱财的国王，一天，他跟神说："请教给我点金术，让我伸手所能摸到的都变成金子，我要使我的王宫到处都金碧辉煌。"

神说："好吧。"

第二天，国王刚一起床，他伸手摸到的衣服就变成了金子，他高兴得不得了。然后他吃早餐，伸手摸到的牛奶变成了金子，摸到的面包也变成了金子，这时他觉得有点不舒服了，因为他吃不成早餐，得饿肚子了。他每天上午都要去王宫里的大花园散步，当他走进花园时，看到一朵红玫瑰非常娇艳，便情不自禁地上前抚摸了一下，玫瑰立刻变成了金子，他感到有点遗憾。

这一天，他只要一伸手，所触摸的物品全部变成了金子，后来，他越来越恐惧，吓得不敢伸手了，他已经饿了一天了。到了晚上，他最喜欢的小女儿来拜见他，他拼命地喊着，让女儿别过来，可是天真活泼的女儿仍然像往常一样，径直跑到父亲身边伸出双臂来拥抱他，结果女儿变成了一尊金像。

国王大哭起来，他再也不想要这个点金术了，他跑到神那里，向神祈求："神哪，请宽恕我吧，我再也不贪恋金子了，请把我心爱的女儿还给我吧！”

神说：“那好吧，你去河里把你的手洗干净。”

国王马上到河边拼命地搓洗双手，然后赶快回去拥抱女儿，女儿又变回了天真活泼的模样。

著名史学家范晔说：“天下皆知取之为取，而不知与之为取。”人世间的事情，总是有了付出才有收获，而得与失之间互为转化的效果，有时也并不是马上就可以见到的，但懂得其中奥妙的人，会掌握取舍的主动权，让它发挥出意想不到的效果。

战国时，齐国的孟尝君是一个以养士出名的相国。由于他待士十分诚恳，感动了一个叫冯谖的落魄人，此人为报答孟尝君的礼遇，而投到他的门下为他效力。

一次，孟尝君叫人到其封地薛邑讨债，问谁肯去。冯谖自告奋勇地说自己愿意去，但不知将催讨回来的钱买什么东西。孟尝君说，就买点我们家没有的东西吧。冯谖领命而去，到了薛邑后，他见到老百姓的生活十分穷困，听说孟尝君的使者来了，均有怨言。于是，他召集了邑中居民，对大家说：“孟尝君知道大家生活困难，这次特意派我来告诉大家，以前的欠债一笔勾销，利息也不用偿还了。他叫我把债券也带来了，今天当着大家的面，我把它烧毁，从今以后再不用催还。”说着，冯谖果真点起一把火，把债券都烧了。薛邑的百姓没料到孟尝君如此仁义，人人感激涕零。

冯谖回来后，孟尝君问他买了何物，冯谖如实回答，孟尝君大为不悦。冯谖对他说：“您不是叫我买家中没有的东西吗？我已经给您买回来了，这就是‘义’。焚券布义，这对您收归民心是大有好处的啊！”

数年后，孟尝君被人谮谗，齐相不保，只好回到自己的封地薛邑。薛邑的百姓听说恩公孟尝君回来了，倾城而出，夹道欢迎。孟尝君感动不已，终于体会到了冯谖“布义”的苦心。

总而言之，如果你要做一个快乐的人，一定要记住：金钱不是万能的，只是用来达到目的的一种工具罢了。若你只知道赚满自己的钱包而不顾别人死活，甚至为金钱而不顾亲情、友情和道义，那将是一种多么枯燥的生活，甚至无聊。因为也许你能买到宫殿，买到豪华游轮，但你买不到宫殿里亲人的欢笑，买不到海上的怡人风景，买不到朋友间的畅饮淋漓。

幸福并不取决于金钱的多少

在物欲横流的今天，生活的快节奏或许让你来不及考虑什么才是幸福，而你可能只是在夜以继日地为名为利为金钱默默工作着。你或许认为有了钱，有了车，有了房就会幸福，但这顶多算是一种物质享受，一旦你拥有了这样的幸福，你就会变得麻木而感觉不到幸福的存在。实际上，只有那些可以让自己心灵充实的幸福才是幸福的真谛。

这也是为什么你或许可以一眼就看出一个人是否富有，但却无法肯定一个人是否幸福，内心世界永远是我们无法感知的。只有当走进一个人的心灵深处，真正走进他的内心世界时，你才会明白他到底过得幸福还是不幸福。因为幸福只是一种感觉，一种很平和、很微妙的感觉，它与物质没有什么必然的联系，对于那些善于发现幸福的人来说几乎跟物质完全没有关系。

刘鹏夫妻俩都是电厂的职工，挣着微薄的薪水，还要供两个小孩上学。在外人看来，他们的日子一点儿都不幸福：一家人挤在15平方米的房间里面，家具和各种生活用品摆得杂乱无章，根本不知道4口人是怎么生活的，是不是每天走路都会跌跌撞撞？

奇怪的是，邻居们看到的却经常是很幸福的场面：每天，妻子都会在水房里洗洗涮涮，不是洗衣服就是洗菜，每次都能听到她哼着歌曲，很悠闲的样子；下午下班时，妻子可能已经做好了晚饭，和丈夫一起偎依在电视机前，聚精会神地看着电视，很满足很惬意的感觉；有着暖暖阳光的日子，夫妻俩会早起后把被子抱到楼下去晾晒，早晨轻柔的阳光洒在他们的肩头；傍晚，一双儿女会安静地坐在写字桌前，认真地做着作业；偶尔看到夫妻二人出去散步，也是相依相伴的温馨……原来，幸福不完全取决于金钱。

一位拥有亿万家产的年轻总裁说："我成了一个挣钱的机器，单调枯燥不停地转动，每天面临的都是一场战斗。说实在的，每天辛辛苦苦也没什么意思，我们也享受不了什么，金钱对于我来说，只是一种责任，即维持现有水平和如何赚更多的钱……"

这位总裁不会唱歌不会跳舞，更不会打保龄球台球。他的妻子和儿子定居在美国，每年只在暑假回来一次，三口之家才得以团聚。他的妻子说他是个冷血动物，因为很多为人夫为人父应该给予的，他都给予不了。他每天都在想着如何才能赚更多的钱。"幸福"这个词他是没有时间去体会的，虽然有时他也觉得自己拥有那么多财富，却无法享受到真正的幸福，甚至在某些方面还不如穷人，可也只能如此，因为既然自己是台机器，就得不停地运转才行。

不可否认，财富和幸福感确实有一些关系。但是，是不是钱越多越好呢？比如，当一个工薪阶层月收入从大学毕业初期的 3000 元慢慢涨到 5000 元、8000 元，然后超过 15000 元，甚至达到两三万元时，人的幸福感会随着收入的增长、家庭资产的增加而获得逐步的提升。在这个阶段内，收入和财富的增长，显然带动了幸福感的同比正向提升。

可是，随着财富达到一定程度，金钱对于幸福的作用力突然显著下降了。多项研究表明，在"衣食足"的人群中，财富的多寡，与主观幸福体验的关系很微弱。或者说，在达到舒适温饱之后，财富的增加所带来的幸福感会越来越弱。而且，当财富积累到很高程度的时候，由金钱带来的烦恼突然间会增加，甚至接踵而来。比如，富豪家庭的子女教育问题困扰比例更高，因为他们的孩子含着金钥匙出生，在贵族学校之间随意转学，责任感更差等问题特别突出；富豪们的情感纠纷通常也更突出，婚姻亮红灯的富人比比皆是；如果富豪们对家庭比较负责，有关家族企业的管理权、财产继承权等方面的明争暗斗又足以消耗他们的无限精力……拥有千万甚至亿万金钱的超级富豪，又有几个生活能像比尔·盖茨那般幸福平静?

诚然，幸福需要物质保证，但更重要的是要有精神支柱；精神支柱是人整个生命的“心脏”，倘若没有它来支撑，再多的金钱也只不过是一堆废纸罢了。金钱并不是幸福的源泉，幸福也不会是金钱的产物。只有以崇高的精神和勤劳的双手为基础，才能建造起人生真正的幸福大厦。

一句话感悟

拥有财富，是每个人都希望的。但怎样看待财富，是我们人生中的又一重要课题。假如人把金钱当作生命中的唯一目标和宗旨，那他的一生肯定是可悲的。即使他买得起私人飞机、豪华游轮，但他肯定买不到亲人的欢笑，买不到世间的道义，买不到朋友间的酣畅淋漓。

4. 名利，将你推入深渊的凶手

不要为名利所役使

莎士比亚曾经说过：“名利是一件无聊的骗人的东西，得到它的人，未必有什么功德，失去它的人也未必有什么过失。”

追逐名利很难说是一种恶行，但过早涉足名利场，往往会使自己的言行均围绕虚荣而转，长此以往，为了满足虚荣心可能就会不择手段。

萨克雷的传世名作《名利场》就上演了一幕幕摆脱不了名利的桎梏，以灵魂讨换名利的故事：这里的人们追逐的都是名利，一个不折不扣的名利场。美丽钻营的贝姬，善良软弱同时自私的艾米莉娅，性格迥然相异却又互相交织，共同奔忙在一个无法停下来的名利场。人生潮水此起彼落，周围掠过的不过是一个又一个忙碌的人们：有人致力于一代一代地复制积累金钱的营生，有人相貌丑陋、内心丑恶却终其一生有钱有势，有人潦倒后更计较蝇头小利，有人表面上不计较地位门第却可以立刻翻脸无情。在这个浮华人间，人人为名利的尘烟所蒙蔽，悲剧因此而生。名利制造的不是快乐，而是恶，它成为主人公一生的桎梏。

现在社会上有很多事业有成的人，他们常常在这种名利的束缚下，生活得很苦很累，失去了常人生活的乐趣，总是想着自己的一言一行、一举一动都要符合自己的身份，这就像给自己带上了名誉的枷锁，失去了生活的自由，也失去了生命的本真。

不为虚荣役使就是一切以人为本，该怎么做就怎么做。不要被眼前的花环、桂冠挡住前面的道路，而应该毫不犹豫地抛开这一切身外之物，走自己的路，干自己的事，不因小成就妨碍自己的大成功，这样才能获得心灵上的自由。

日本作家川端康成自获诺贝尔奖之后，受盛名所累，常被官方、民间，包括电视广告商人等等，拉着去做这做那。文人难免天真，不擅应酬，心慈面软，不会推托；做事又过于认真，不懂敷衍，于是陷入忙乱的俗事重围，不知如何解脱，终于自杀，了此一生。据报道，川端临终前，曾为筹措笔经费而心力疲惫，心情十分低落，这可能是促使他厌世自杀的原因之一，这当然不是妄测之词。

固然，对一位作家来说，能获得诺贝尔奖，“文学之井”已经算是凿得够深了。但如果不被卷入使他烦倦不堪的名利场，而依然能宁静度日，以他东方式的丰富晶莹的智慧，或可有更具哲理的创作留传于世。

从1936年夏天起，因《飘》的出版而声名鹊起的玛格丽特·米切尔，把所有的精力都耗费在要么将自己包裹起来、反抗它，要么忙于对付它布下的天罗地网。她如此坚决不让名声改变她的生活是为什么呢？因为名利很容易成为桎梏，使身为作家的她失去创作的灵性，而失去艺术生命，如同德国诗人海涅所言："我不盼望我的墓碑上饰着诗人的桂冠，却只要战士、宝剑和盔帽。"诗人的桂冠固然是一种无上的荣誉，但生命的精髓却不在于此，有许多真实的东西比它更有价值。

《瓦尔登湖》的作者梭罗，为了写一本书，而去森林中度过了两年的隐士生活。自己种豆和玉黍为食，摆脱一切剥夺时间的琐事俗务，专心致志，去体验林间湖上的景色与心灵所产生的共鸣，从中发现许多道理，而完成了这本名著。

一个人的精力有限，生命有限，在有生之年，把握住自己真正的志趣与才能所在，专一地做下去，才可能有所成就。这不但要有魄力，而且还要有判断力，摆脱外界的诱惑，不为一切名利权位等虚荣而中途改道，这样才能促使一个人走向人生的绚烂。

摆脱名利的桎梏

居里夫妇发现镭后，世界各地纷纷来信索求制镭的方法。

怎样处理这件事呢？某个星期日的早晨，他们进行了5分钟的谈话。彼埃尔·居里平静地说："我们必须在两种决定之中作出选择，一种是毫无保留地叙述我们的研究结果，包括提炼办法在内……"

居里夫人做了一个赞成的手势说："是，当然如此。"

彼埃尔继续说："或者我们可以以镭的所有者和发明者自居。若是这样，那么，在你发表你用什么方法提炼铀沥青矿之前，我们须先取得这种技术的专利执照，并且确定我们在世界各地造镭业应有的权利。"

“专利”意味着巨额的金钱、舒适的生活，意味着传给子女一大笔遗产……但是，居里夫人坚定地说：“我们不能这样办，这违背科学精神。”

居里夫人天下闻名，但她既不求名，也不求利。不相识的人问她：“你是居里夫人吗？”她总是平静地回答：“不是，你认错了。”她出名以后，几乎每天都会收到世界各地慕名者要求签名的来信。为了摆脱这种干扰，她专门印了一种写着概不签名的卡片，每逢接到来信，就给对方寄一张……

她一生获得各种奖金10次，各种奖章16枚，各种名誉头衔117个，却给人一种全不在意的印象。一天，她的一位女朋友来她家做客，忽然看见她的小女儿正在玩英国皇家学会刚刚奖给她的一枚金质奖章，不由大吃一惊，忙问：“居里夫人，现在能够得到一枚英国皇家学会的奖章，是极高的荣誉，你怎么能给孩子玩呢？”居里夫人笑了笑说：“我是想让孩子从小就知道，荣誉就像玩具，只能玩玩而已，绝不能永远守着它，否则将一事无成。”

金银财宝，绝对是身外之物，一味地追求这些东西不见得能够幸福快乐，相反很可能将自己推向充满痛苦的欲望深渊。所以聪明人善于取舍，于我有益者，不懈追求，于我无益者，果断舍弃，只有这样才能充分享受生活的快乐。

不知从何时起，这个世界已变得如此功利。功利侵蚀了我们最后一片洁净的领域——当我们用功利心来衡量、对待与我们血肉交融的亲人甚至孩子时，真的没有什么是更可悲、更不可救药的了。

其实天下最贱的事，莫过于谄富欺贫；最无意义的事，莫过于争求虚名。真正学有素养的人，绝不慕荣利，贪虚名，因为那样做于心不安。

虚名是使人误入歧途的魔鬼，人人必须驱除之。有了学问，有了道德，自然实至名归，此外更何求呢？

落尽繁华，洗尽铅华，生在尘世中的人如过早地钻营于名利场，不仅会迷失心智，一无所成，甚至连人性中美好的东西都会泯灭。在你能够声震人间之前，请先学会缄默，与名利场保持应有的距离。

一句话感悟

一个人若不能淡泊名利，就会终生如夸父逐日般看着光芒四射的朝阳，却永远也追寻不到。其实，静心观察这个物质世界，即使不去刻意追赶，阳光也仍旧会照耀在我们身上。

---

5. 索取，就是贪得无厌

付出与回报

在一个又冷又黑的夜晚，一位老人的汽车在郊区的道路上抛锚了。她等了半个多小时，好不容易有一辆车经过，开车的男子见此情况，二话没说便下车帮忙。

几分钟后，车修好了，老人问他要多少钱，那位男子回答说："我这么做只是为了助人为乐。"但老人坚持要付些钱作为报酬。中年男子谢绝了她的好意，并说："我感谢您的深情厚意，但我想还有更多的人比我更需要钱，您不妨把钱给那些比我更需要的人。"最后，他们各自上路了。

随后，老人来到一家咖啡馆，一位身怀六甲的女招待员即刻为她送上一杯热咖啡，并问："夫人，欢迎光临本店，您为什么这么晚还在赶路呢?"于是老人就讲了刚才遇到的事，女招待员听后感慨道："这样的好人现在真难得，您真幸运，碰到这样的好人。”老人问她为什么工作到这么晚，女招待员说为了迎接孩子的出世而需要第二份工作的薪水。老人听后执意要女招待员收下200美元的小费。女招待员惊呼不能收下这么一大笔小费。老人回答说：“你比我更需要它。”

女招待员回到家，把这件事告诉她的丈夫，丈夫大感诧异，世界上竟有这么巧的事情，原来他就是那个好心的修车人。

正所谓：种瓜得瓜，种豆得豆。我们在“播种”的同时，也种下了自己的将来，你所做的一切都会在将来的某一天、某一时间、某一地点，以某一方式在你最需要它的时候回报给你。

在报酬法则之外还有另外一种超额报酬法则，也就是说，只要你在提供服务上多下工夫，你的回报一定会增加。永远多走一里路，永远做多于所当做的，当你在不断地付出，不断地付出多于你所应付出的，你就一定会获得倍增的补偿。

世界是圆的，想得到爱，先付出爱；要得到快乐，先献出快乐，你的播种终会收获。只问耕耘不问收获的人，没有什么事情做不成，也没有什么地方到不了。

不要总指望别人感恩

生活中总有一些人得到了别人的慷慨帮助，却不知道对别人真诚地感恩，他们视别人的帮助为理所当然，想当然地认为别人就该无偿地帮助他。孙成就是这样一个人。

孙成是个小肚鸡肠的人，至少邻居们都这么说。他帮人做一点儿事，就很得意，人前总要提几次，别人要是忘了说谢谢，他就得生几天气。可是如果是别人帮助了他，他就会患上一种健忘症，事情一办成，立刻就把办事的人忘得一干二净。

前两天，孙成的一个亲戚来找他，说想要去农村收购出口大葱，但是得找一个进出口公司接收。亲戚问孙成有没有这方面的门路。孙成一想，三楼 B 门的石磊不就在进出口公司上班吗？于是他就让亲戚回家等着，自己买了两瓶酒去找石磊。石磊见是邻居来求自己，就尽心尽力地把这事办成了。没想到事一办成，孙成立刻就变了一个人一样，见到石磊就趾高气扬地喊一声“小石”！对大葱合同的事提也不提，回头还对邻居吹嘘自己神通广大。石磊被气得几天吃不下饭，一提孙成就一肚子火。

其实，生活中像孙成这样的人并不少见，他们有时会因有人庇护而威风一时。不过由于此类人多半专横、自私，只知从别人身上得到好处，却不知回馈，而不受欢迎、短视近利的后果，往往令帮助他的人感到失望，不再给予帮助。

世界上最大的悲剧就是一个人大言不惭地说：“没有人给过我任何东西!”这种人不论是穷人还是富人，他的灵魂一定是贫乏的。人们总是这样，对怨恨十分敏感，对恩义却感觉迟钝，所以下一次当你要抱怨别人忘恩负义时，先想想自己是否做好了这一点。

张女士认为自己太倒霉，总是遇上忘恩负义的白眼狼。先说她的先生，他是搞科研的，为了工作常常废寝忘食，家务活、照顾老人孩子半点也指望不上。为了支持先生的工作，张女士一狠心，就把工作辞了，回到家里当了个全职主妇。这个牺牲够伟大了吧，但先生似乎一点也没有被感动，还反过来指责张女士越来越俗气了。

再说二号楼的小夫妻，他们之所以能在一起，全是张女士的功劳，红线是她牵的，矛盾是她调解的，两家父母闹意见还是她劝解开的。结果呢，这对小夫妻有了矛盾才来找她，没事的时候就把张女士晾一边。张女士一想起这事，就气不打一处来，但更可气的还在后头呢!

今年春天的时候，先生一个远亲的孩子要跨学区转学，因为知道张女士有点门路，于是千求万请。碍于情面，张女士只好披挂上阵。没想到接收学校的管理太严格，张女士费尽千辛万苦，求爷爷告奶奶地折腾了一段时间，事情也没办妥。而那位亲戚一听事没办成，脸立刻拉了下来，对张女士的苦心没有半句感谢。不仅如此，那位亲戚还到处说张女士虚情假意、不地道。张女士不但没得到感激，还落了个一身不是，她这一气就病了一场。病好后，她逢人就说："现在的人都是狼心狗肺，以后啊，就自己管自己，别人的事我再也不跟着瞎忙了！"

张女士的委屈确实可以理解，她热情地付出，热心地帮助别人，但她的努力似乎都白费了，她没有得到任何人的感恩。但是，从另外一个角度再想一下，我们每天的生活都在仰赖着他人的奉献，那么，在抱怨别人不知感恩的时候，我们向帮助自己的人表达感激之情了吗？张女士如果仔细想一下就会知道，生活中也曾有许多人给过她无私的帮助，只是她忘记了这一点。

大多数人都是这样，只注意到自己需要什么，却忽略了这些东西是从哪里来的。所以，与其抱怨别人不知感恩，还不如先培养自己的感恩之心。

帮助别人不宜立即索取回报

朋友之间互相帮助是应该的，你送了朋友一个人情，有机会他肯定会回报你。但如果你立即索取回报，不但没有给朋友面子，还会伤害你们之间的友谊。

有一次，克洛夫在打猎的过程中没有打到一只猎物。他饥肠辘辘，这时邻近的农夫索斯基宰了自己家的鸡与他一起进餐，克洛夫感激不已。

然而，到了第二天，有一群人说是索斯基的好朋友，来到克洛夫家要他请吃饭，克洛夫面子上过不去，只好热情招待。谁知第三天又来了一群人，说是索斯基好朋友的好朋友，同样要克洛夫请他们吃饭。克洛夫十分不满，就表面上答应他们，许久以后，他上了一大碗无滋无味的汤给他们喝。这些人觉得滋味不对，忙问克洛夫这是什么汤。克洛夫回答说，这是索斯基宰的那只鸡炖的汤。这些人终于悻悻而去。

在人与人的交往中，人情总是有的，但是像索斯基那样，刚有了一点交情就要拼命用完的人，确实是目光太短浅了。因为做人情就好像在银行里存款，存的越多，存的时间越久，红利才会越多。

你要学会不对别人期望过高，这样，你仍能从那些对你不坦白或说闲话的朋友处得到快乐。

不对别人期望过高，不以自己的标准要求别人，你就会少很多因得不到回报而产生的失落。

一句话感悟

正所谓："种瓜得瓜，种豆得豆。"想得到的爱，得先付出爱；要得到快乐，得先付出快乐。一分耕耘，一分收获。人情也是一样，你种得更多，存得越久，收获也会更多，情谊也会更弥坚。

---

6. 蝇头小利，别丢了西瓜去拾芝麻

明处吃亏，暗处得益

一个人如果处处不肯吃亏，处处想占便宜，便会妄想日生，骄心日盛。而一个人一旦有了骄狂的态势，难免会侵害别人的利益，于是便起纷争，在四面楚歌之中又焉有不败之理？

“吃亏”也许只是指物质上的损失，但是一个人幸福与否，却往往取决于他的心境如何。

如果我们用外在的东西换来了心灵上的平和，无疑是获得了人生的幸福，这便是值得的。

有人问李泽楷：“你父亲教了你一些怎样成功赚钱的秘诀吗？”李泽楷说，赚钱的方法他父亲什么也没有教，只教了他一些为人的道理。李嘉诚曾经这样对李泽楷说，他和别人合作，假如他拿七分合理，八分也可以，那么他只拿六分。

李嘉诚的意思是，吃亏可以争取更多人愿意与他合作。想想看，虽然他只拿了六分，但现在多了 100 个合作人，他现在能拿多少个六分？假如拿八分的话，100 个人会变成 5 个人，结果是亏是赚可想而知。李嘉诚与很多人进行过或长期或短期的合作，分成的时候，他总是愿意自己少分一点钱。如果生意做得不理想，他就什么也不要了，宁愿吃亏。这是一种风度，一种气量，也正是这种风度和气量，才使很多人乐于与他合作，他的事业才越做越大。所以，李嘉诚的成功更得益于他恰到好处的处世交友经验。

吃亏是福，乃智者的智慧。不管你是做老板，还是做合作伙伴，旁边的人跟着你有好日子过、有奔头，他才会一心一意与你合作，跟着你干。

有的人一旦与朋友分手，就翻脸不认人，不想吃一点亏，这种人是否聪明不敢说，但可以肯定的是，一点儿亏都不想吃的人，只会让自己的路越走越窄。让步、吃亏是一种必要的投资，也是与人交往的必要前提。

生活中，人们对处处抢先、占小便宜的人一般没有什么好感。占便宜的人首先在做人上就吃了大亏，因为他已经处处抢先，从来不为别人考虑，眼睛总是盯着他看好的利益，迫不及待地想跳出来占有它。周围的人对他很反感，也不想与他继续合作了。合作伙伴一个个离他而去，那他不是吃了大亏吗？

据说有个老板，没有文化，也没有背景，但生意却出奇的好，而且历经多年，长盛不衰。说起来他的秘诀也很简单，就是与每个合作者分利的时候，他都只拿小头，把大头让给对方。如此一来，凡是与他合作过一次的人，都愿意继续与他合作，而且还会介绍一些朋友给他，再扩大到朋友的朋友。人人都说他好，因为他只拿小头，但所有人的小头集中起来，就成了最大的大头，他才是真正的赢家。

“吃亏是福”不只是一句套话，关键时刻就是要有敢于吃亏的气量，这不仅体现你大度的胸怀，同时也是做大事的必要素质。

先予后取能双赢

“先予后取”看似自己退一步，实际上是一种靠给对方甜头让对方帮自己一把，从而清除生意场上障碍的做法，这样一来，互惠互利、双赢双喜。

曾宪梓幼时家贫，1968 年全家移居香港。初到香港时，曾宪梓两手空空，生活艰难，于是萌发了创业的决心。

他认真研究了香港的市场状况后发现，来自法国、意大利、美国等国家的名牌领带开始进入香港市场，且大有泛滥之势。而拥有几百家服装厂又很喜欢穿西服的香港人，却没有一家比较正规、设备像样的领带工厂，更谈不上什么名牌产品。这不正是创业的好机会吗？

于是，胆识过人的他决定开港产名牌领带的先河。他拿出平时省吃俭用积攒的6000 港元，腾出自家租住的房子，与夫人黄丽群女士一起，靠一把剪刀办起了领带生产厂，开始了艰苦的创业历程。

领带是做出来了，如何卖出去呢？曾宪梓想到了一个办法，他将自己做的领带和从商场买回来的领带混在一起，拿着这些领带去找瑞兴百货公司的何经理。何经理仔仔细细比较后，竟然分辨不出来。

曾宪梓看着何经理的神情，心里很是兴奋，表面上却不动声色，然后建议何经理订购自己的领带。

何经理问："多少钱一打?"

曾宪梓开价："60 港元。"

何经理一惊："港产领带最贵的才卖 42 港元，哪有这么高价钱的?"

曾宪梓对自己的领带非常有信心，他说："那不如这样吧，我把领带交给你代销，卖出去以后再结账。"

不到一个礼拜，何经理便给曾宪梓打来电话："老曾，赶快再送 4 打来，上次拿来的卖完了，你快来收钱吧!"

从此，曾宪梓的领带一举打入市场。"金利来"很快就在香港小有名气。

"欲取之，先予之"，曾宪梓让代销方零投入销售，实际上却利用了代销方的渠道，从而成功地进入了市场。

在未取得别人信任的情况下，先予后取，可得到前进路上的垫脚石，又能让对方对自己产生信任。

长远的眼光更重要

争夺财富，眼光一定要长远，若为眼前小利断了长远发展的道路，那就亏大了。

有个年轻人开了家杂货店，他卖的很多东西都比别人的便宜。于是就有人笑他，说："你卖的东西价格比别人低，还有什么赚头？反正大家卖的价格都差不多，和大家定价一样就行了。"年轻人却说："以后会有越来越多的人买我的东西的。"这个年轻人就是沃尔玛的创始人。

在商战中，赢取口碑的确需要如此，一个公司要想获得长远发展，更不能为了眼前的短暂利益而不顾公司长远的竞争力。

1950 年，丰田公司因破产危机，工业公司和销售公司发生分离。不久之后，朝鲜战争爆发，美军在丰田公司订购了大批的卡车，丰田公司马上就能起死回生。亲身体验了产销分离痛苦的丰田英二，自然希望恢复以前产销一体的体制。但是，事情并非那么简单，工业公司和销售公司分离的体制已经形成，当时负责技术部门的董事丰田英二，深知即使他提出重新合并的建议，在当时也是行不通的。

丰田英二在确定丰田的未来发展方向时，决断很慢，这是因为他在深思熟虑、考察各种条件的同时，还要衡量各方面的利益是否均衡。他认为条件不成熟，即使勉强行事也会失败，只能耐心地等待。

直到 20 世纪 80 年代初，丰田的两家公司终于结束了长达 32 年的产销分离状态，诞生了全新的丰田公司，丰田英二的等待终于有了丰硕的成果。

追逐财富是场持久战，只有目光长远的人才能成功。若不深思熟虑，只知道跟着眼前的利益奔跑，终将成为财富场上生命短暂的一员。

第二次世界大战结束后，战胜国决定成立一个处理世界事务的组织——联合国。这个总部要建在繁华的城市里才好，可是在任何一座繁华的城市里购买建立庞大楼宇的土地都是需要一大笔资金的，而刚刚起步的联合国总部的资金极为有限，各国首脑为此伤透了脑筋。这个时候，洛克菲勒家族听说了这件事，他们立刻宣布，愿意出资 870 万美元在纽约买下一块地皮，并且无条件地捐赠给联合国。人们不禁惊讶了：出这么高的价钱买土地免费赠给联合国能有什么好处？洛克菲勒家族这么做简直是头脑发晕了！

可是，他们并不知道，当洛克菲勒家族在买下土地捐赠给联合国的时候，也买下了与这块土地毗连的全部土地。等到联合国大楼建起来后，四周的地价立即飙升，此时，没有人能够计算出洛克菲勒家族凭借毗连联合国的土地获得了多少个 870 万美元。

当人们明白过来的时候，洛克菲勒家族已经赚得盆满钵溢了。这就是商业大亨的做法，他的头一两步棋，人们通常猜不到他的用意何在。他的真实意图总是在事情快有结果的时候，人们才恍然大悟，这时事情已经完结了。

未来是现在的延伸，未来是现在的人创造出来的，所以每个人都可以通过现在看看大多数人在做什么，找出未来可能会有什么走向。

假如你能在 20 年前看出个人电脑将会成为趋势，你现在就是世界首富了。当时你没有看出来，但是比尔·盖茨看出来了，所以他是世界首富，而你不是。

一个人有没有长远的眼光，有没有在成功前多考虑几步，往往是成功与否的分界线。犹太人指出，远见虽然是一种看不见的素质，但它却影响着商人的成败。对于优秀的商人来说，远见告诉他可能会得到什么东西，远见召唤他去行动。用积极的一面去影响别人，这正是我们最好的选择。

一句话感悟

“吃亏是福”不是简单的阿 Q 精神，而是一种福祸相依的生存辩证法，一种深刻的人生哲学。

第四章　平淡看待得失

——学会选择，懂得放弃

在面对纷繁复杂的世界和物欲横流的社会，我们要学会选择，懂得放弃。才能理解“失之东隅，收之桑榆”的真谛。人生就是不断取舍的过程。在仕途中，放下对权利的争夺，可以得到心灵的宁静与淡泊；在创业的征途中，放弃对金钱无止境的追逐，可以得到安心与尊重；在利益面前，放心眼前的小利，可以得到长远的大利。

1. 得失，舍小是为了得大

举步维艰是因为背负太重

一个青年背着一个大包裹千里迢迢地跑来找无际大师，他说：“大师，我是那样的孤独、痛苦和寂寞，长期的跋涉使我疲倦到了极点。我的鞋子破了，荆棘割破双脚；手也受伤了，流血不止；嗓子因为长久的呼喊而沙哑……为什么我还不能找到心中的阳光？”

大师问：“你的大包裹里装的是什么？”青年说：“它对我可重要了，里面是我每一次跌倒时的痛苦，每一次受伤后的哭泣，每一次孤寂时的烦恼……靠着它，我才能走到您这儿来。”

于是，无际大师带青年来到河边，他们坐船过了河。上岸后，大师说：“你扛着船赶路吧！”“什么，扛着船赶路？”青年很惊讶，“它那么沉，我扛得动吗？”“是的，孩子，你扛不动它。”大师微微一笑，说，“过河时，船是有用的，但过了河，我们就要放下船赶路。否则，它就会变成我们的包袱。痛苦、孤独、寂寞、灾难、眼泪，这些对人生都是有用的，它能使生命得到升华，但若总是念念不忘，就成了人生的包袱。放下它吧！孩子，生命不能太负重。”

青年听从了大师的话，放下包袱继续赶路，他发觉自己的步伐轻松而愉悦，比以前快得多。原来，生命是可以不必如此沉重的。

背着包袱上路，会使你不堪重负，并放慢行进的脚步。然而，很多人终其一生都活在不堪重负的心境中，他们无法放下过去对他们的影响，正如无法放下背上不必要的包袱一样。曾经的伤害让他们耿耿于怀，严重影响了他们现在的幸福，他们始终无法做到对过去释怀。过去的经历已在他们脑海中刻下了深深的烙印，无论如何是抹不去了。

很多时候我们羡慕在天空中自由自在飞翔的鸟儿。其实人也该像鸟儿一样，欢呼于枝头，跳跃于林间，与清风嬉戏，与明月相伴，饮山泉，觅草虫，无拘无束，无羁无绊。这才是鸟儿应有的生活，也是人类应有的生活。然而，这世上总还有一些鸟儿，因为忍受不了饥饿、干渴、孤独乃至于“爱情”的诱惑，从而成为笼中鸟，永永远远地失去了自由，成为人类的玩物。与人类相比，鸟儿面对的诱惑要简单得多，而人类却要面对来自红尘的种种诱惑。于是，人们往往在这些诱惑中迷失了自己，从而跌入了欲望的深渊，把自己装入一个个打造精致的所谓功名利禄的“金丝笼”里。

这是鸟儿的悲哀，也是人类的悲哀。然而，更为悲哀的是，鸟儿被囚禁于笼中，被人玩弄于股掌之上，仍欢呼雀跃，放声高歌，甚至于呢喃学语，博人欢心；而人类置身于功名利禄的包围中，仍自鸣得意、唯我独尊。这应该说是一种更深层次的悲哀。

面对纷繁复杂的世界和物欲横流的社会，懂得放弃的人，会用乐观、豁达的心态去对待没有得到的东西，他们每天都有快乐和愉悦的心情伴随左右。而不懂得放弃的人，只会焦头烂额地乱冲乱撞，他们不仅最终未能达到目标，而且每天陷于得失的苦恼之中。

因此，我们要学会放弃过去，憧憬新的未来，寻找新的属于自己的幸福；怀一颗平和心，挡住各种诱惑；做一件平常事，学会放弃身外物；当一个平凡人，简简单单生活。放下包袱后，我们才能轻装上阵，才能活得轻松、自在、惬意。勇敢地放弃过去，幸福依然在前方等着你！

舍小才能得大

一个青年非常羡慕一位富翁取得的成就，于是他跑到富翁那里询问成功的诀窍。

富翁弄清楚青年的来意后，什么也没有说，转身到起居室拿来了一只大西瓜。青年迷惑不解地看着，只见富翁把西瓜切成了大小不等的3块。

“如果每块西瓜代表一定程度的利益，你会如何选择呢?”富翁一边说，一边把西瓜放在青年面前。

“当然是最大的那块!”青年毫不犹豫地回答，眼睛盯着最大的那块。

富翁笑了笑：“那好，请用吧!”

富翁把最大的那块西瓜递给青年，自己却吃起了最小的那块。当青年还在享用最大的那块西瓜时，富翁已经吃完了最小的那块。接着，富翁得意地拿起剩下的一块，还故意在青年眼前晃了晃，大口吃了起来。其实，最小的那块和最后一块加起来要比最大的那块大得多。

青年马上就明白了富翁的意思：富翁吃的瓜虽然没自己的大，最后却比自己吃得多。如果每一块西瓜代表一定程度的利益，那么富翁赢得的利益自然比自己多。

吃完西瓜，富翁讲述了自己的成功经历。最后，他语重心长地对青年说道：“要想成功就要学会放弃，只有放弃眼前利益，才能获得长远大利，这就是我的成功之道。”

人生在世，有许多东西是需要不断放弃的。在仕途中，放弃对权力的争夺，得到的是宁静与淡泊；在淘金的过程中，放弃对金钱无止境的追逐，得到的是安心和快乐；在利益面前，放弃眼前的小利，得到的将是长远的大利。

三个年轻人一同结伴外出，寻求发财机会。在一个偏僻的山镇，他们发现了一种又红又大、味道香甜的苹果。由于地处山区，信息、交通都不发达，这种优质苹果仅在当地销售，售价非常便宜。

第一个年轻人立刻倾其所有，购买了10吨最好的苹果，运回家乡，以比原价高两倍的价格出售，如此往返数次，他成了家乡的第一名万元户。

第二个年轻人用了一半的钱，购买了100棵最好的苹果苗，运回家乡，承包了一片山坡，把果苗栽种上。整整3年的时间，他精心看护果树，浇水灌溉，没有一分钱的收入。

第三个年轻人找到果园的主人，用手指指果树下面，说："我想买些泥土。"

主人一愣，接着摇摇头说："不，泥土不能卖，卖了还怎么长果?"

他弯腰在地上捧起满满一把泥土，恳求说："我只要这一把，请你卖给我吧！要多少钱都行！"

主人看着他，笑了："好吧，你给1块钱拿走吧。"

他带着这把泥土返回家乡，把泥土送到农业科技研究所，化验分析出泥土的各种成分、湿度等。然后，他承包了一片荒山坡，用了整整3年的时间，开垦、培育出与那把泥土一样的土壤。然后，他在上面栽种上苹果树苗。

10年过去了，这三位一同结伴外出、寻求发财之路的年轻人的命运却迥然不同。

第一位购买苹果的年轻人现在每年依然要去购买苹果，运回来销售，但是因为当地信息和交通已经很发达，竞争者太多，所以每年赚的钱很少，有时甚至不赚钱或者赔钱。

第二位购买树苗的年轻人早已拥有自己的果园，但是因为土壤不同，长出来的苹果有些逊色。当然，他仍然可以赚到相当的利润。

第三位购买泥土的年轻人，也是最后拥有并收获苹果的人，他种植的苹果个大味美，每年秋天引来无数的购买者，总能卖到最好的价格。

我们发现眼前的利益就是最大和最好的，但等到我们把事情做完后才发现，原来还要耗费那么多的精力和时间。而如果用同等的精力和时间去做别的事情，虽然一下子没有那么大的利益，但是做的事情却多得多，总利益也比做一件事情要多得多。所以，只有放弃眼前的蝇头小利，才能获得长远的大利。

在现实生活中，不同的人有不同的眼光，只顾眼前利益的人，虽然暂时表现得相当出色，但是却缺少一种对未来的把握和规划能力。只有懂得舍弃眼前小利的人，才有可能登上人生境界的顶峰，获得长远的大利。

一句话感悟

人生就是不断取舍的过程。在仕途中，放下对权利的争夺，可以得到心灵的宁静与淡泊；在创业的征途中，放弃对金钱无止境的追逐，可以得到安心与尊重；在利益面前，放心眼前的小利，可以得到长远的大利。

2. 失恋，至少曾经爱过

失恋者的心曲

如果说热恋中的情人是甜蜜的、幸福的，那么失恋后的人一定是惆怅的、痛苦的。而且，越是爱得死去活来，失恋后的痛苦就越厉害。

（1）孤单感——今后周末假日的节目要重新编排，也要习惯一下每天下班后独自进餐，再没有人常在自己左右了。

（2）失落感——电话不再每晚定时响起，自己也得按捺住不去拨那熟悉的电话号码，今年的生日不会有什么惊喜的庆祝，恐怕要找个地方自己躲起来度过了。

（3）伤心——感到自己感情上有很大的缺失，有时痛苦是那么深，好像被一把小刀刺进心窝，血汩汩地流，是血也是泪，伤得好像面临世界末日，至少自己是失去了面对明天的勇气。

（4）失去自信——感到自尊受损，可能是自己不够魅力、条件达不到对方的要求，或者各方面都比不上别人，所以被遗弃。

（5）挫败感——觉得自己是个不折不扣的失败者，连谈恋爱都不成功。

（6）怨愤——“为什么他（她）要令我受这样大的痛苦？为什么他（她）不肯再与我维系这段感情？为什么他（她）可以这么狠心，一声‘再见’，就真的销声匿迹？他（她）不再关心我吗？他（她）怎么可以立刻忘记以往的一切？”

这些都是失恋时的反应，常遇到的感受。虽然难受，但暂时的情绪低落并不代表不正常，倒显示内心遭受挫折，需要面对，好让伤口得以痊愈。不幸的是，并非每个人都能够或者愿意认真去面对失恋的情绪波动和痛苦，甚至，很多人利用其他方法逃避失恋的事实，为自己及他人带来日后的悲剧。爱侣对自己提出分手，有些人觉得是莫大的耻辱，难以接受。在愤恨之余，却又发现原来自己对对方的爱是很深的，一旦分手，痛苦难耐；对于旧爱侣，更是又爱又恨，复杂难缠。当此混乱之际，可能你突然碰上某位酷似旧爱侣的异性，令你见到他（她）便如见旧人，感情遂得安慰，犹如重获旧爱。

亦有失恋者在感情备受折磨之时，尽快找一位异性朋友，填补心灵的空当，排除日子的苦闷，也许同时亦能安慰自己，骄傲地对旧爱侣说：“有人代替你的地位！”然而，在此情绪不稳、头脑不清醒的阶段，进入另一段感情的危险程度更大，分手的可能性更高。可能有一天，你发现今日的恋人只是旧爱侣的影子，当你不再需要影子时，便不会再对“新人”有任何恋慕；或者新的恋情只是你不能面对失恋挫败之时随便抓住的一根救命稻草，只为暂时挡住迎面而来的孤单、自卑和愤怒，待你的感情慢慢平复下来，才发现这段仓促建立的恋情并无根基，对于对方，除了内疚，你已没余留一点儿感受了。

也有些人执意要持续逝去的恋情，欲勉强抓住已不再“有心”的恋人，死缠到底，希望真诚能够感动变冷的心，持久能粉碎硬心肠；千方百计，用尽借口要恋人对自己仍然关注如昔，维持亲密交往，因而没有空去细想恋人提出分手的原因或问题，如此一来，不但没有改善关系，解决问题，反而加强了恋人要离开的决心和信心。

假如苦缠行不通，更有人以死相逼，处处暗示倘若失恋便会自寻短见，增加对方的罪恶感，令对方因而恢复关怀和安慰。亦有人真的以自己的生命作最后赌注，尝试自杀，然后通知恋人，去测验是否可挽留对方。无可否认，有时苦缠或以死言志的确可暂时挽回恋情，但却尽失个人尊严，徒然得到恋人的同情，却未必得到她的尊重，终非长久之计。等到恋人软化的心再度变硬时，已经将生命作筹码的你，可以再押多少次呢？有人说“爱之越深，恨之越切”，在某些人的心路历程中，也许真的有点道理。有些失恋者在失爱后尝尽苦味，对旧恋人心怀怨恨，因而向其表示自己的苦痛“全因为你”，使对方内疚之余，却不能插上半根指头来帮忙，只有在心理上无限制地分担你的不幸。

假如发现自己旧创未愈，旧恋人已有新欢，嫉恨之情油然而生，也许心有不甘，报复心起，以破坏对方的新恋情为乐，以泄心头之愤，内心存着“我得不到的幸福，你也休想得到”的想法。这种误人误己之举，实在一无是处，只会显示你受伤太深，未能痊愈；也许你需要亲友更多的扶持，或者专业辅导的协助。

人在低沉颓丧时，往往希望自己尽快恢复“正常”，但我们却忘记了自己是一个有血有肉、感情正常的普通人。假如我们跌伤了腿，我们小心保护伤处，使之不再受损；我们用拐杖走路，使伤处不会受压过度。但面对感情受创时，我们不肯让时间来包扎伤口，忘了用空间和休息来放松精神，免使感情受压；相反，我们强逼自己“立刻”忘记一切，重展欢颜。

主动寻找恋爱失败的原因

分手后，许多人常常会沮丧地封闭自己，弄乱生活步调。坠入自怜的情境是这段时间最容易犯的错误。每个失恋的人都认为自己是全世界最痛苦的人，然而，你是否真正问过自己：何谓锥心之痛？事实上，失落不等于心如刀割！

别一再地强调你失恋这个事实，其实真的没什么。雨果就说过：“曾经爱过而失恋，胜于从没有爱过。”如果你还是无法释怀，不妨问问自己：你在乎的，到底是对方这个人，还是曾在对方身上所投注的时间、金钱和精力？你的不甘心，是由于付出无所得，还是由于失去了一个伴侣？

不管怎样，不可将责任全然归咎于对方，更不可隐讳自己的过失，必须努力纠正自己的缺点。

爱情没有绝对的是与非，一个人也没有绝对的好与坏。每个人都有各自独立的人格特质，这些特质亦无优劣之分，但是在对方的期许和批评下，有些特质就成了缺点。比如你的温柔体贴，或许在对方的眼中实在是太婆妈，然而却有其他人正期待有这样一个人来疼自己！

如果是对方无情，你亦要有所觉悟。倘若你是被恶意地抛弃，以后你就应该更加谨慎，以免再度遇人不淑。你要仔细观察，对方是否诚实，动机是纯正还是邪恶，行为是诚恳还是虚伪。若发现对方不过是把恋爱当做游戏，那么，请你尽早抽身，以免越陷越深，自寻烦恼。总之，懂得跌倒后再站起来，才是最重要的。

痛定思痛，想想看失败的原因是什么？

（1）付出的平等性：不要有那种什么都不要求回报、只顾付出的观念，这样只会给对方心理造成很大的压力，因歉疚太深而离开你。有时不妨停下脚步让对方有机会付出，也拥有那种爱人的喜悦。

（2）无话可谈：是不是思想没有交集了，还是始终都沉浸在甜蜜的两人世界中，使得生活经验整个重叠在一起而不再有话题？如果是前者，你们欠缺的只是沟通；若是后者，也许你们应该一同参加团体活动，多接触外面的世界。

（3）时空分隔：爱情是很实际的感觉。当需要实际时，爱人不在身边，爱情便悄然隐退。爱情经不起时空的考验，因为远水救不了近火，鱼雁往返根本无法配合情绪千变万化的时效性；再遇到机会，第三者便很容易趁虚而入。有时再深厚的爱情也难敌近水楼台，何况爱情还有喜新厌旧的倾向。

（4）懂得经营：不让你的爱情死掉的方法便是用心经营。当你们的感情走得一帆风顺时，试着去激起一点儿涟漪，否则一成不变的单调还是会出问题的！例如让对方吃醋，或者是一个惊喜，这样对方就会记起那份被遗忘的感觉。反之就得加入一些安定的元素，缓和不断起伏的危机。

当你明白了失恋的症结所在时，日后便可避免重蹈覆辙。恋爱只是生命中的一段小插曲，恋爱顺利，回忆当然是甜美的；恋爱失败，回忆也未必是全然黯淡的。因为在每一段恋爱中，都一定会有酸甜、悲喜，如果你懂得用乐观的心态回首往事，将会发觉每段过程都是值得珍惜的。有时候，失去也是一种很好的生命体验。

失恋者的疗伤药方

失恋者除了心情烦躁、思绪混乱外，更容易对未来产生恐惧，因为失恋的打击，对自己、对别人失去信心，脑子里充满负面的思想。这些负面想法必须想办法打消，才能避免陷入极度沮丧和抑郁的境地。尝试和自己对话，以纠正那些负面观念。

（1）我以后都是孤零零一个人

请对自己说："我可以找朋友，我也有一直关心我的朋友，他们愿意聆听。我也可以结识一些新朋友，扩大自己的生活圈子。最重要的是，我可以成为自己最好的朋友。"

（2）我已经失去一切，一无所有

请对自己说："我只是失去了一个恋人，虽然我非常难过，但我仍然有我的家人、我的朋友、我的工作，我可以慢慢重建我所失去的。"

（3）我无法再重新开始一段感情

请对自己说："这只是暂时的人生阶段，我或许需要一些时间慢慢复原。这次宝贵的经验，会对我将来重新开始一段新感情有莫大的帮助。"

（4）我一蹶不振，我永远都会这样子

请对自己说："我现在感到疲倦和灰心，但我不会永远都是这样。我会慢慢恢复信心和勇气，只要给我一段时间，我就可以再次站起来，再次上路。"

不管怎样，哀伤是一个过程，一如上面所说，那么，怎样从这些哀伤中重新振作，再谱人生的美丽乐章呢？

（1）及早脱离：感情就像一团死结，解不开的就必须剪断。"剪"一定会流血，但动作越快越利落，受伤就越轻。如果让对方先向你开刀，受伤的当然是你！不论事情是怎样发生的，你当然是不能忍受，整个人丧失斗志，生活完全失去乐趣。但是时间能抚慰一切，几个星期后你的伤口必须愈合，万万不要为了一个男人或女人而躺下来等死。

（2）列出对方的缺点：感情破裂后，谈判是无济于事的，只能延长痛苦。假如你仍然觉得他（她）十全十美，请仔细看看他（她）究竟"完美"到什么地步，拿支笔把他（她）性格中不能接受的地方列出来，把"没有他（她）"能活得更好的理由记录下来。每次意志崩溃时，将他（她）的“罪状”再看一遍，别以为这样太刻薄，实在只有好处。坚定一点，将他（她）一脚踢出你的世界！

（3）失恋并非没面子：失恋是不是真的没有面子？事情发生后，无论是寂寞、心碎、难过，随便你觉得什么都好，残局总要有人收拾。不要以为失恋是没有面子的事，即使真的是你不再被爱，又何必让别人都这样认为呢？失恋没什么大不了的，更谈不上“没面子”。不能再在一起，当然要分开，你应该为自己的决定感到骄傲。同时，你要坚信前一场恋爱只是一场梦，失恋才是梦醒。

（4）意志要坚定：不管你是否多情，千万别被欲望诱惑。有时候你会产生幻觉，好像恶梦已过，一切又可以好起来了。假如对方离去，他（她）已经用事实表明了态度，根本不值得你花精力去改变什么；如果继续交往，你就好比泥足深陷，不能自拔。谁不知道分手后恋人的关系越深，情况就越糟？意识不坚定时，你想起他（她）在你的泪光中掉头而去的情景了吗？

（5）不要抱存希望：有的人即使提出分手，也喜欢放根线，说一句：“如果我们有缘，可能会再在一起。”千万别上当，所谓的一线生机，简直是猪八戒说笑话。虽然你好像觉得轻松点，但其实对方是在玩猫捉老鼠的游戏。潜台词是，你这个可怜的人，不要沮丧、伤心，我可能有事需要你的帮助呢！马上承认你们的关系已经结束。坦荡的胸怀，是永远的清爽。

（6）不要患得患失：你要告诉自己一个真相，人经常会害怕，你在追求他（她）的时候，你会害怕失去他（她）；你在得到他（她）的时候，你会害怕他（她）移情别恋。当失恋的火山爆发之后，你在精神上要放松放松再放松，所谓勇气也不过如此。

（7）保持沉默：从失恋后第一天开始，你就要决心闭嘴。虽然好心的朋友围着你，述说对方的短处给你安慰。这时，你千万不要开口应和，损坏对方的名誉，至少不要强迫自己去“否定他（她）”。众人的怜悯只会使你的创伤更大，最严重的是你将成为被怜悯的对象，这对你的形象有着致命的损害。假装不在乎没有什么意义，保持沉默却是永恒的真理！

（8）一生一次：如果你还是觉得难于向自尊交待，那么就相信命运吧！一次两次的失败根本不足以证明什么！也许你会产生一种想法，认为这种事老是发生在你的身上。不要相信它，除非你每次遇到的对象都是同一类型的人，倒霉的事不会光找你一个人的。如果你承认运气在这种事里扮演了很重要的角色，把持住，想想你学会走路前摔了多少跤？

一句话感悟

不是不在乎，是一切还来得及。当你面临着要结束一段错误的爱情时，请不要绝望。你否定的，只是一个男人或女人，而不是所有的爱情和生活的美好。过久地沉溺在已经干涸的爱河的河床中，只能使我们越陷越深。

3. 奢侈，财富是积赞出来的

富人通常不乱花钱

美国有人以“你知道你家每年的花费是多少吗”为题进行调查，结果是，近62.4%的百万富翁回答知道，而非百万富翁只有35%的人知道。该作者又以“你每年的衣食住行支出是否都根据预算”为题进行调查，结果竟是惊人的相似：百万富翁中编预算的占2/3，而非百万富翁只有1/3。进一步分析，不作预算的百万富翁大都用一种特殊的方式控制支出，即造成人为的相对经济窘境，比如将一半以上的收入先作投资，剩余的收入才用于支出。

这是巧合吗？不是的！这正好反映了富人和普通人在对待钱财上的区别。节俭是大多数富人共有的特点，也是他们之所以成为富人的一个重要原因。他们养成了精打细算的习惯，有钱就拿去投资，而不是乱花。

许多年轻人往往把本来应该用于发展他们事业的必备资本，用到雪茄烟、香槟酒、舞厅、戏院等无聊的地方。如果他们能把这些不必要的花费节省下来，时间长了一定十分可观，可以为将来发展事业奠定经济基础。

不少青年一踏入社会就花钱如流水，胡乱挥霍，似乎从不知道金钱对于他们将来事业的价值。他们胡乱花钱的目的好像是想让别人夸他们“阔气”，或是让别人感到他们很有钱。

有些人收入不高，但花起钱来真是愚蠢之极。他们会为了购买只有富人才买得起的小古玩和衣服，把所有的钱都花光，等到想做点事情时却身无分文。

本来只有2000元的收入，但每月都要支出上万元，还理直气壮地说是为国民经济作贡献——“拉动内需”；本来没有购物需要，也没有必要，但一旦进了商场大门，便按捺不住刷卡的冲动；本来并不宽裕，与朋友一起每周必醉，每周必卡拉，疯狂地泡酒吧等，于是每月钱花光，有时还要借债度日。

人的骨子里都有享乐的本性，享乐起来，便忘了自己的经济实力是不是允许，这是十分危险的。

然而，存下每个月赚来的辛苦钱，抛开暂时的物质诱惑，为你的长远目标努力，开始时你可能会毫无收获，但一段时间后必能满载而归。

节俭助你成功

洛克菲勒垄断资本集团的创始人约翰·戴维森·洛克菲勒，1839年出生于一个医生家庭，生活并不宽裕，艰难的生活使他养成了一种勤俭的习惯和奋发的精神。16岁时，他决心自己创业。虽然他时常研究如何致富，但始终不得要领。一天，他在报纸上看到一则广告，是宣传一本发财秘诀的书。洛克菲勒看后喜出望外，急忙按照广告注明的地址到书店购买这本“秘诀”。该书不能随便翻阅，只有购买者付了钱后，才可以打开。洛克菲勒求知心切，买后匆匆回家打开阅读，岂知翻开一看，全书只印有“勤俭”二字。他又气又失望，当晚辗转不能入眠，由咒骂“发财秘诀”的作者坑人骗钱，渐渐细想作者为什么全书只写两个字，越想越觉得该书言之有理，感到要致富确实必须靠勤俭。

他大彻大悟后，从此不知疲倦地勤奋创业，并十分注重节约储蓄。就这样，他坚持了5年多的打工生涯，以节衣缩食的节俭精神，积存了800美元。经过多年的观察，洛克菲勒看清了自己的创业目标：经营石油。经过几十年的奋斗，他成了美国石油大王。

19世纪石油商人成千上万，最后只有洛克菲勒独领风骚，其成功绝非偶然。人们在分析他的创富之道时发现，精打细算是他取得成就的主要原因。

洛克菲勒在自己的公司里特别注重成本的节约，提炼每加仑原油的成本计算到第三位小数点。他每天早上一上班，就要求公司各部门将一份有关净值的报表送上来。经过多年的积累，洛克菲勒能够准确地查阅报上来的成本开支、销售及损益等各项数字，并能从中发现问题，以此考核每个部门的工作。

1879年，他写信给一个炼油厂的经理质问：“为什么你们提炼一加仑原油要花1分8厘2毫，而东部的一个炼油厂干同样的工作只要9厘1毫?”就连价值极微的油桶塞子他也不放过，他曾写过这样的信：“上个月你厂汇报手头有1119个塞子，本月初送去你厂1万个，本月你厂使用9527个，而现在报告剩余912个，那么其他的680个塞子哪里去了?”

洞察入微，刨根究底，不容你打半点马虎眼。正如后人对他的评价，洛克菲勒是统计分析、成本会计和单位计价的一名先驱，是今天大企业的“一块拱顶石”。

节俭不仅适用于金钱问题，而且也适用于生活中的每一件事，从合理地使用自己的时间、精力，到养成勤俭的生活习惯。节俭意味着科学地管理自己和自己的时间与金钱，意味着最明智地利用我们一生所拥有的资源。

节俭不仅是积累财富的一块基石，也是许多优秀品质的根本所在。它可以提升个人的品性，对个人其他能力的培养也有很好的帮助。节俭在许多方面都是卓越不凡的一个标志。节俭的习惯表明人的自我控制能力，同时也证明一个人不是其欲望和弱点的不可救药的牺牲品，他能够支配自己的金钱，主宰自己的命运。

如果你养成了节俭的习惯，意味着你具有控制自己欲望的能力，意味着你已开始主宰自己，意味着你正在培养一些最重要的个人品质——自力更生、独立自主、聪明机智及独创能力。换而言之，这表明你有追求，你将会是一个卓有成就的人。

培养正确的节俭意识

节俭与富有或贫穷无关，但是，绝对与如何节俭的意识有关。

“没有投资就没有回报”，“小处节省，大处浪费”，还有许多家喻户晓的谚语都表明错误的节约不仅无益，反而有害。

有些人浪费大量的时间，用错误的方法来节省不该节省的东西。曾经有个老板制定了这样一条规矩，要求员工不顾一切地节省包装绳，即使要耗费大量的时间也在所不惜；他还要求尽量省电，而昏暗的店面让许多顾客望而却步。他不知道明亮的灯光其实是最好的广告。

一个过于谨慎的人往往缺乏大智慧。许多人因小处节约而误了大事。他们为了蝇头小利疯狂地节省，根本没有意识到这样做只会使自己越来越呆板，失去许多干大事的机会。所以，我们不能以心智的发展和能力的提高为代价来拼命节约，因为这些都是事业成功的资本和达到目标的动力，所以不要因此扼杀了自身的创造力和“生产力”。我们应想方设法提高自己的能力和水平，这将帮助我们最大限度地挖掘自身潜力，使我们感受到无比的快乐。

在这一方面，对年轻人来说，很重要的一点就是要树立正确的节约观，进行明智的投资，用正确、丰富的思想来充实头脑，纠正狭隘的错误节约观。

“舍不得播种的人只能收获微薄的果实”，对于农民是如此，对于商人亦如此。明智地节约有时意味着慷慨地消费。

一个人拿出1000元参加一次宴会，这本身并不是什么问题。他可能为此花掉了1000元，但他也许通过与成就卓著的客人结交，获得了相当于10000元的鼓舞和灵感。那样的场合常常对追求财富的人有巨大的刺激作用，因为他可以结交到各种博学多闻、经验丰富的人。在自己力所能及的情况下，对任何有助于增进知识、开阔视野的事情进行投资，都是明智的消费。

如果一个人要追求最大的成功、最完美的气质和最圆满的人生，那么他就会把这种消费当做一种最恰当的投资，他不会为错误的节约观所困惑，也不会为错误的“奢侈观念”所束缚。

英国著名文学家罗斯金说：“通常人们认为，节俭这两个字的含义应该是‘省钱的方法’，其实不对，节俭应该解释为‘用钱的方法’。

也就是说，我们应该怎样去购置必要的家具，怎样把钱花在最恰当的用途上，怎样安排在衣、食、住、行，以及教育和娱乐等方面的花费。总而言之，我们应该把钱用得最为恰当、最为有效，这才是真正的节俭。”

一句话感悟

这里不是教导你成为现代社会的葛朗台，而是说明智地节约有时意味着慷慨地消费。正如你花 1000 元参加一个 Party，但你也许从中结识了许多对你有帮助的贵人。那么，你的花费物有所值，收获也是无价的。

4. 计较，让他三分又如何

不想吃亏反而易吃大亏

在我们身边，一些人自诩为聪明人，一副精明过人的样子，总是抱着“以牙还牙，以眼还眼”的决心，摆出一副寸土必争的姿态，去面对生活中一些鸡毛蒜皮的小事。他们做人的原则就是不吃半点亏，实际上，恰恰是这样的“聪明人”容易吃大亏。

北京的公交车上总是会很拥挤，从来就没有空的时候。这日王燕下班回家，在公司门前的那个车站等公车。她千等万等，终于等来了一趟。

公车里的人好多，黑压压的只能看见一堆脑袋。王燕努力地向上挤，终于挤上了车。但她挤车时一不小心，踩了旁边的胖大嫂一脚。胖大嫂的大嗓门叫开了："踩什么踩，你瞎了眼了?"王燕本想道歉来着，但一听这话脸上挂不住了，喊道："就踩你了，怎么着?"

于是，两个女人的好戏开演了，双方互相谩骂，恶语相加。随着火力的升级，两人竟然动起了手，胖大嫂先给了王燕一下，王燕立即以牙还牙，两手都上去了，在胖大嫂脸上乱抓一通。

王燕指甲长，抓破了胖大嫂的脸，但自己却没怎么受伤。想到这里，王燕不禁得意起来。

回到家后，王燕一进家门便向老公倒起了苦水。不过她认为自己没吃亏，反倒把那恶妇抓破了脸，所以，她讲到这里时一脸的灿烂，这时老公看了她一下，惊奇地问道，你右耳朵上的那个金耳坠呢？王燕一摸耳朵，金耳坠早已不见了……

我们经常以为以牙还牙就是使自己不吃亏的最大原则，总以为别人占自己一分便宜，自己就要想尽办法占三分回来，否则就是吃了大亏，但事实真的就如我们想象的那么简单吗?

其实不然，当你得意洋洋地以为自己什么亏都没吃时，实际上可能吃了大亏。

学会说声"没关系"

生活并不能达到我们所期望的那种和谐，生活只是生活本身，而我们总是愿意用希望去看待生活：我希望如何如何……可当你发现生活并不是按照你所希望的样子出现在你面前的时候，请你从烦恼中跳出来，当一位智者，说一句"没关系"。

人活在世上，面临着各种各样的人际关系，周围有着各式各样的人，在与不同的人打交道时，不可能也不应该特别认真。假如过于计较的话，你就会发现，在生活中，做人难，做一个好人更难。豁达是一个人的美德，豁达的胸怀能包容一切。

在拥挤的公共汽车上，有人踩了你一脚，要想说一句“没关系”实在不容易。车挤，开得慢，对于着急上班的人来说本来就有说不出的窝火，加上脚上火辣辣地疼，能不火大气粗吗？可是争吵又有什么用？它只会把你不痛快的、烦躁的情绪通过争吵发泄出来，传染给别人，于汽车的行进、拥挤的缓和没有一点帮助。因此，在这种你无法改变的现状中，你应该把握好自己的情绪，并想到大家的情绪都处在烦躁、不安、易于激动的状况之中，说不定不小心踩你脚的人，也是一肚子的气，满肚子的火正无处发泄呢！这时候，最好的办法就是平心静气地说一句“没关系”，然后耐心地等待。

当然，在有些场合，说出这 3 个字并不是一件轻而易举的事情。

当你对心爱的人献出了你全部的爱之后，他（她）却无情地离开了你，这对你来说，无论如何也不能用“没关系”轻松地愈合你那流泪滴血的心。往日那情意绵绵、两情依依的情景，无法一下子从你的脑海消失，相反，在这种时候，那些平时的芥蒂反而不见了，留下的都是让人无法忘却的情和意。你深深地陷入失去爱人却又无法控制对爱人的爱这苦恼的深渊里。怀恋的尽头成了怨恨，怨恨又产生了报复，而报复难免两败俱伤。假如你能豁达地对待这些，对自己说一句“没关系”，从苦恼中解脱出来，那么“失之东隅，收之桑榆”并不是不可能的。

对生活中的一些事，我们不能不认真对待，据理力争，比如是与非、真理与谬误等。对某些人，也不能不闻不问，任其肆无忌惮。但是，当他们最终意识到自己的谬误时，我们仍可以大度地说一声“没关系”，因为我们恪守的是对事不对人的原则，其着眼点并不在于人如何，而在于事情的结果如何。

生活中发生的一切，都是生活的一部分，失去的还会再来，本属于你的东西，绝不会与你失之交臂。学会说声“没关系”，你会觉得生活中增加的不是苦恼，而是欢乐。

太过计较活得累

在现实生活中，有些人很爱计较，处处要显得比别人神机妙算，讨巧投机。他们总在算计别人，以为别人都不如他们聪明，可以从中揩点油，讨点便宜，好像他们这样做就会过得比别人好。这种人功利心太重，把功利作为与人交往的出发点和目的。他们日子过得很累，很紧张，过得缺乏乐趣。

太计较的人的确过得很累，他们算计着别人，想着怎样才能占到别人的便宜。所以，他们肯定也会揣度别人，认为别人也可能在算计他，想要侵占他的利益，因此，他必须处处提防，时时警惕，小心翼翼地过日子。别人很随意说的一句话，干的一件事，也许什么目的也没有，但过于计较者就会在心里受到刺激，晚上回到家里，躺在床上也要细细琢磨，生怕别人有什么谋划会使他吃亏。这样，他在处理人际关系时就显得不诚实，不大方，甚至很造作。我们碰到的许多生活中的精明者，性情都不开朗，心理都相当虚假，神经都相当过敏，为人都相当猥琐，这恐怕和他们过日子的那种紧张感有直接的关系。

其实，我们不必太精明。生活毕竟不全如商海那样明争暗斗，杀机四伏，总需要些温情、和睦与非功利的事情存在，因此也就没有必要过于斤斤计较、精打细算，反倒是随遇而安的好。

要把日子过得舒服，单靠东捞一点儿、西沾一点儿，靠算计别人是徒劳的。日子过得轻松愉快，很大程度上要靠真诚、信赖、友好，碰到难处互相帮助，有了好处大家分享。这就要求我们都不要太计较，不必担心自己会失去什么。大家相互谦让，相互贡献，相互让利，关系融洽和睦了，比什么都好。不计较的人容易和别人成为朋友，就因为大家可以正常相处，少有功利，多有温情，不必处处抱有戒心，有安全感。

一句话感悟

做人不要太计较，并不是游戏人生，做一切都毫不在乎状，而是意在强调不要太在乎。太在乎了，一个人往往就会为在乎的对象所累，活得极不轻松，当然也就谈不上拥有自己生命的质量。

5. 攀比，人比人，气死人

不要在攀比中比掉了好心情

一个邻居见到他的朋友把家里装修得非常豪华，就要来装修图纸，照猫画虎地把自己的小窝装修了一番。尽管他的财力无法与他的朋友相比，装修后全家靠借债度日，但是满足了他“不比别人差”的攀比心理，就是自家不吃鱼，不吃肉，日子过得清苦些，也觉得有面子，心里很舒服。这种攀比心理的表现在生活中是屡见不鲜的。

攀比的游戏近乎是一种本能。我们习惯于与周围的每个人比较，为自己拥有别人没有的东西而沾沾自喜，但也提醒自己别人是否拥有自己没有的东西——迷人的气质，苗条的身材，大房子，更好的伴侣，等等。我们对生活抱有太多幻想，这导致了一个错误的印象：当你还在不懈地奋斗时，别人已经过上了终极的、不费力气的好生活。难道这时你还有脚踏实地奋斗的耐心吗?

强烈的嫉妒可以破坏你享受生活的心情。看看别人，比比自己，生活往往就在这比来比去中，比出了怨恨，比出了愁闷，比掉了自己本应有的一份好心情。

晨起听广播，讲述了浙江两位年轻人对婚庆形式的选择让人耳目一新。这对新人不讲排场，不搞攀比，而是双双把珍贵的眼角膜捐献出来。如此简单朴素的婚庆形式，超凡脱俗，令人击节。

而另一对新人则恰恰相反。小谢与他的女友，家境都不算宽裕，但碍于时下的攀比之风不断升温，不得不跟亲友借钱举办婚礼。结果婚后欠了一大笔债，小两口时常为困窘所迫。小谢说出一句话发人深省：“死要面子活受罪呀!”

过日子是两个人的事，不是给别人看的，如果力不从心，一味攀比，于人无益，受损的是自己。小谢夫妇就是佐证。

细细探究起来，倘若心态不平，生活中可攀比的东西实在太多了。孩子、房子、票子、位子等等，哪一项不是攀比的对象?而攀比的结果往往是郁郁寡欢，心气不顺，健康失调，失去本真。更有甚者，竟铤而走险，走上不归路。

生命是一个由起点到终点，短暂而漫长的过程，在这个过程中，每个人所拥有和承受的喜怒哀乐与爱恨情仇都是一样的、相等的。这既是自然赋予生命的规律，也是生活赋予人生的规律，只不过我们享用、消受的方式不同，这不同的方式便演绎出不同的人生。于是，有的人先苦后甜；有的人先甜后苦；有的人大喜大悲，有起有落；有的人安顺平和、无惊无险；有的人家庭不和，但官运亨通；有的人夫妻恩爱，却事业受挫；有的人财路兴旺，但人气不盛；有的人俊美娇艳，却才疏德浅；有的人智慧超群，可相貌不雅。

只是，平时生活中无论是别人展示的，还是我们关注的，总是风光的、得意的一面，这就像女人的脸，出门的时候个个都描眉画眼，涂脂抹粉，光艳亮丽，这全都是给别人看的。回到家后，一个个素面朝天，这就难怪男人们感叹："老婆还是别人的好。"于是，站在城里，向往城外，而一旦走出围城，就会发现生活其实都是一样的。

每个人都要懂得欣赏自己的生活，让自己活得随心所欲，如果你能改变什么让自己感到愉快，那就做一些改变。但是，如果改变以后会让自己不愉快的话，那么不管有多少人说要做，也不应该盲目去做。同时，假如你已经知道改变以后会很好，但自己却无力改变的话，也不应该勉强去做。原谅自己，欣赏自己所拥有的一切，那些让自己觉得不满意的地方就尽量忽略过去，毕竟，上帝将我们创造成不同肤色、不同性格的人，是为了让我们的生活多姿多彩，没有必要勉强自己变得完美。

学会欣赏自己的每一次成功，每一份拥有，你就不难发现，自己竟会拥有那么多值得别人羡慕的地方，幸福之神已在向你频频招手。

目标要具备可比性

生活中有的人羡慕那些明星、名人，日日淹没在鲜花和掌声中，名利双收，以为世间苦痛都与他们无缘。事实上，走进明星名人的生活，他们同样有着不为人知的辛酸。名导谢晋的儿子是弱智；美国前总统里根曾几度风光，晚年却备受不孝逆子的敲诈、虐待；戴安娜如果没有魂断天涯，几人知道她与查尔斯王子那场"经典爱情"竟是如此糟糕……

俗话说，人生失意无南北，宫殿里也会有悲恸，茅屋里同样会有笑声。如果你总是看到别人的好，拿自己的弱点去和别人的优点比，你无疑会心理失衡。

有位哲人说过，与他人比是懦夫的行为，与自己比是英雄。这句话乍一听不好理解，但细细品味却也有它的道理。

让自己的目标具备可比性，也能逐步达到令人羡慕的地步。一个人要正确认识自己的价值，除了同别人比较之外，也要把自己与自己进行比较，看看自己的现在是不是比过去进步了；也要把自己与历史上的、同时代的伟大人物进行比较，放长眼光看看自己究竟是个什么人物。

只有这样，在遇到任何人任何事的时候，你才不会动不动就失去心理平衡，动不动就产生激愤。

一个人如果在心目中给自己定下过目标，比如要做个像爱因斯坦那样伟大的科学家，那么，他对现实生活中的一些小小挫折和失利，以及别人的得势、小人的得志，等等，就不会那么介意了。

别人怎么样，就让他们怎么样好了。别人升了官，就让他们升官吧；别人买了房，就让他们买房好了；别人有车子，就让他们有车子好了。我自己呢，只跟伟大的爱因斯坦比，科学上有成果了，我高兴；还没有成果，我努力。这样的话，我还会失去平衡吗？我还会动不动就激愤吗？

再比如，你给自己的定位是做个伟大的画家，像梵·高那样的画家，那么，你就更不用在乎现实生活中的人是怎么比自己强、比自己好了。因为你知道，要成为像梵·高那样的画家，是要付出很大代价的，但付出什么样的代价你都不在乎，因为只要画画，只要像梵·高那样画画，你就满足了，你就再也不会心理激愤了。

这就是确立自己的目标所带来的良好心理状态，否则你会像终日抱怨不休的怨妇一样，既无美好的心情，也达不到要攀比的对象的高度。

一句话感悟

一位哲人曾经说过，与他人比是懦夫的行为，与自己比才是英雄。因此，不要把生命浪费在与别人的攀比上，人生只不过是不断超越自己的过程！

---

6. 稳定，却享受不到创新后的喜悦

坐享安逸让你变得平庸

虽然在绝大多数情况下，作为普通人的我们只能过着一种再平凡不过的日子，可这并不应该成为我们坐享安逸、耽于平庸的借口和理由，更不能因此而放弃原本应该坚持的勤奋和努力，以至于心甘情愿地在一种缺乏激情与活力的状态中，度过自己的宝贵人生。虽然在文学作品或是影视剧中常常出现的那种大起大落的冒险人生，并不是我们所追求的最终理想，但是在安逸享受之中的碌碌无为，却会成为我们人生道路上的最大障碍，同时也是每个渴望获得成功的追梦者必须时刻警惕的最大敌人。

之所以要强调拒绝安逸，只是因为一旦我们将自己限制在安逸与平庸的樊笼里，就等同于落入了一个看不到底的万丈深渊，不仅丧失了一往无前的进取心和意志力，同时也削减了在奋斗过程中先苦后甜的人生乐趣，甚至还会由此失去生命本该具有的真正意义。如果只是由于贪图眼前的享受，就白白浪费了时间与机遇，那我们又和那些蛇虫鼠蚁或是行尸走肉有什么区别呢？

关于这一结论，美国康奈尔大学早在 19 世纪末，就曾经尝试过一个著名的实验：

工作人员先是将一只青蛙以最快的速度丢进一口盛满沸油的锅里，

出于本能的反应，青蛙竟以常人难以想象的速度和力量，安然无恙地跳出了油锅。半小时之后，工作人员又把那只刚刚死里逃生的青蛙放入了一个同样大小，却盛有4/5冷水的铁锅里，并在锅底用炭火缓慢地予以加热。但这次实验中的青蛙，由于对渐渐升高的水温毫无知觉，最终在这样的“享受”中难逃一死。

虽然这个实验有其本身的科学目的，但通过青蛙一生一死的两种不同结局，不难看出一个极为明显的问题，那就是安逸与平庸的人生状态，不仅是妨碍我们获得成功的最大阻力，更有可能成为扼杀我们生命的罪魁祸首。

千万不要以为这是什么杞人忧天的危言耸听，或是不切实际的高谈阔论，只要回想一下古今中外发生过的众多事例，再结合我们自己在成长道路上的种种遭遇，不难发现其中一个极为普遍的规律：当面对生活的困苦或是生命的危险时，我们常常能够发挥出连自己都无法想象的巨大潜能，在战胜危难的基础上赢得成功和胜利；一旦过上安逸舒适、风平浪静的生活，随着进取心和意志力的消失殆尽，我们的生命也逐渐变得麻木不仁，不得不在新的考验到来的时候，被迫吞下失败的苦果。

对于安逸可能会给人类自身带来的严重恶果，著名作家叶天蔚就曾经做出过极为准确的描述：“在我看来，最糟糕的境遇不是贫困，不是厄运，而是精神心境处于一种无知无觉的疲惫状态，感动过你的一切不能再感动你，吸引过你的一切不能再吸引你，甚至激怒过你的一切也不能再激怒你，即使是饥饿感与仇恨感，也是一种强烈让人感到存在的东西，但那种疲惫会让人止不住地滑向虚无。”

安逸与平庸所能带给我们的唯一结局，不是在周而复始的贪图享乐中使我们沉沦，就是在日复一日的麻木不仁中让我们堕落，这样的人生，对于每一个本该在通往成功的奋斗之路上不断前进的人来说，简直和地狱没有任何差别了。这样的结果难道还不够可怕吗？这样的人生难道就是我们想要追求的吗？

很显然，这些问题的答案都应该是一个绝对的、大大的“不”字才对。就算我们不能接受时时刻刻让险象环生、充满困难的逆境来锤炼自己，也没必要一定要把自己的人生建立在分分秒秒都要殚精竭虑的境况中来折磨自己，但我们至少应该在成功的时候多做一些防止再次失败的努力，或是在快乐的时候尽早做好杜绝再次陷入痛苦的准备。要知道，拒绝安逸也是战胜自己所必须具备的一份勇气和一种智慧的充分体现，如果连这一点都无法做到的话，我们又和那只躺在温水中坐以待毙的青蛙有什么区别呢？

年轻的时候应该去远方

一个人在年轻的时候，就应该去远方漂泊。漂泊，会让你见识到你没有见到过的东西，让你的人生半径像水一样漫延得更宽更远。

没错，年轻时心不安分，不知天高地厚，想入非非，把远方想象得那样好，才敢于外出漂泊。而漂泊不是旅游，肯定是要付出代价的，品尝人生的多种滋味，那绝不是如同冬天坐在暖烘烘的星巴克里啜饮咖啡的一种味道。但是，也只有年轻时才有可能去漂泊。漂泊，需要勇气，也需要年轻的身体和想象力，便收获了只有在年轻时才能够拥有的收获，和以后你年老时的回忆。人的一生，如果真的有什么事情叫做无愧无悔的话，那就是你的童年有游戏的欢乐，你的青春有漂泊的经历，你的老年有难忘的回忆。

一辈子总是待在舒适的温室里，再是宝鼎香浮、锦衣玉食，也会弱不禁风、消化不良的；一辈子总是离不开家的一步之遥，再是严父慈母、娇妻美妾，也会目短光浅、膝软面薄的。青春时节，更不应该将自己的心锚一样过早地沉入窄小而琐碎的泥沼里，沉船一样跌倒在温柔之乡，在网络的虚拟世界中或在甜蜜蜜的小巢中，酿造自己龙须面一样细腻而细长的日子，消耗着自己的生命，让自己未老先衰变成一只蜗牛，只能够在雨后的瞬间从沉重的躯壳里探出头来，望一眼灰蒙蒙的天空，便以为天空只是那样的大，那样的脏兮兮。

青春，就应该像是春天里的蒲公英，即使力气单薄、个头又小，还没有能力长出飞天的翅膀，借着风力也要吹向远方；哪怕是飘落在你所不知道的地方，也要去闯一闯未开垦的处女地。这样，你才会知道世界不再只是一扇好看的玻璃房，你才会看见眼前不再只是一堵堵心的墙，你也才能够品味出，日子不再只是白日里没完没了的堵车、夜晚时没完没了的电视剧和家里不断升级的鸡吵鹅叫、单位里波澜不惊的明争暗斗。

尽人皆知的意大利探险家马可·波罗，17 岁就曾经随其父亲和叔叔远行到小亚细亚，21 岁独自一人漂泊整个中国。美国著名的航海家库克船长，21 岁在北海的航程中第一次实现了他野心勃勃的漂泊梦。奥地利的音乐家舒伯特，20 岁那年离开家乡，开始了他维也纳的贫寒的艺术漂泊。中国的徐霞客，22 岁开始了他历尽艰险的漂泊，行万里路，读万卷书……

当然，如今也有许许多多被称为“北漂一族”——那些生活在北京简陋住所的人们，也是在年轻的时候开始了他们的最初漂泊。

年轻，就是漂泊的资本，是漂泊的通行证，是漂泊的护身符。而漂泊，则是年轻的梦的张扬，是年轻的心的开放，是年轻的处女作的书写。那么，哪怕那漂泊是如同舒伯特的《冬之旅》一样，茫茫一片，天地悠悠，前无来路，后无归途，铺就着未曾料到的艰辛与磨难，也是值得去尝试一下的。

泰戈尔在《新月集》里写道：“只要他肯把他的船借给我，我就给它安装一百只桨，扬起五个或六个或七个布帆来。我决不把它驾驶到愚蠢的市场上去……我将带我的朋友阿细和我做伴。我们要快快乐乐地航行于仙人世界里的七个大海和十三条河道。我将在绝早的晨光里张帆航行。中午，你正在池塘洗澡的时候，我们将在一个陌生的国王的国土上了。”

那么，就把自己放逐一次吧，就借来别人的船张帆出发吧，就别到愚蠢的市场去，而先去漂泊远航吧。只有年轻时去远方漂泊，才会拥有这样充满泰戈尔童话般的经历和收益，那不仅是他书写在心灵中的诗句，也是你镌刻在生命里的年轮。

实际上，漂泊的本义，不在乎脚下，只在乎前方，只在乎你对生活的热爱程度。

趁着年轻气盛，趁着身体健康，满世界溜一圈，你也就不枉此生了。永远不要等待机会为你开门，因为门闩在你自己这边，此时不漂何时漂？当然，漂泊的不一定是身体，也许只是幻想和梦境。换而言之，你应当向你的生活倾注情调，花令人韵，香令人幽，琴令人寂，茶令人爽，月令人孤，棋令人闲，雪令人旷……我们都需要留一方净土，让身心和灵魂自由。

一句话感悟

“疾风吹劲草，烈火现真金。”人生短短几十年的光阴。如果放纵自己去享受安逸的生活，必会懒散而无目标，意志消沉，从而养成骄横二气，难有建树。

---

7. 公正，公正才是骗人的鬼话

人们所强求的公正

世界上从来就没有绝对公平的理想国，只有幻想公平的乌托邦。人的一生实际上就是欲望不断产生和满足的过程。名欲、利欲、权欲，伴随着人的快乐、痛苦、荣辱，甚至生死。

于是，在现实生活中，我们经常可以看到一些内心充满公平感的人，到处为自己谋求公平，也许你也是其中之一。

公司里，也许抱怨别人与你干的一样多甚至比你少，但工资却拿得比你多。

认为那些著名歌星的收入太高，而自己却连房子都买不起，这实在是不公平，并因此感到恼火。

认为别人做了违法乱纪的事，总是可以逍遥法外，而你却连闯一次红灯也溜不掉，因此感到十分不公平。

总是说："我会这样对待你吗？"其实就是希望别人和你一模一样。

总要报答别人的友善行为：你要是请我吃饭，我也应该回请你，或者至少送你一瓶酒。人们常常认为这样做才是懂礼貌、有教养。然而，这实际上仅仅是保持公平对等的一种做法。

对任何事情都要求前后一致、始终如一。爱默生曾说过这样一句话："……一味愚蠢地要求始终如一，是心胸狭隘者的弊病之一。"倘若你坚持始终如一地以"正确"的方式做事，就很可能属于心胸狭隘的一类人。

在争论时，非要辩出个明确的结论：胜利的一方就是正确的，失败的一方则应承认错误。

以“不公平”的论据来达到自己的目的。“你昨晚出去了，今晚让我待在家里就太不公平了。”要是对方不接受你的意见，就愤愤不平。

做自己本不愿意做的事情（如带孩子上街玩、周末去父母那儿做客或给邻居帮忙），因为你担心不这样做，对孩子、父母或邻居就太不公平了。其实，不要将一切问题都归罪于不公平的现象，而应该客观地考虑一下你为什么不能根据自己的情况做出适当的决定。

认为“如果他能这样做，我也可以这样做”，用别人的行为来为自己辩解，你可能用这种误区性理由，解释自己的作弊、偷窃、轻佻、欺诈、迟到等不符合你的价值观念的行为。例如，在公路上开车时，一辆车把你挤到了路边，你也要去挤他一下；一个开慢车的人在前面挡了你的路，你也要赶上去挡他一下；迎面驶来的车开着大灯晃了你的眼，你也要打开自己的大灯。实际上，你是因为别人违反了你的公正观念，而在拿自己的性命赌气。这就是在孩子之间经常出现的“他打了我，所以我也要打他”的做法，而孩子则是在多次见到父母的类似行为之后，才学会这样做的。

每每收到礼品，都要回赠对方一件价值相当的东西，甚至加倍报答。坚持在各方面与别人保持对等，而不考虑自己的具体情况：“事物毕竟应该是公平对等的。”

上面就是我们在“公平”之路上可以见到的一些具体情形。你也许多少会受到一些震动，因为你的头脑中有一种完全不现实的概念：一切都必须是公平合理的。

承认生活的不公正

绝对的公平并不存在，寻找绝对公平就如同寻找神话传说一样，是永远也找不到的。这个世界不是根据公平的原则而创造的。譬如，鸟吃虫子，对虫子来说是不公平的；蜘蛛吃苍蝇，对苍蝇来说是不公平的；豹吃狼，狼吃獾、獾吃鼠、鼠又吃大米……只要看看大自然就可以明白，这个世界并不存在公平。飓风、海啸、地震等等都是不公平的。公平是神话中的概念。人们每天都过着不公平的生活，快乐或不快乐，是与公平无关的。

这并不是人类的悲哀，只是一种真实情况。

我们在生活中受到要求公平的心理影响，当公平没有出现时，我们会感到愤怒、忧虑。但是，过去不曾有过绝对的公平合理，今后也不会有。

文明社会一再呼吁公平，政客们在他们的竞选演说中也屡次提到这两个字眼，譬如，“我们对任何人都要一视同仁”。尽管如此，不公平的现象依然存在，在我们的社会里，贫穷、战争、疾病、犯罪、吸毒等不平等的现象不是此起彼伏吗？

生活并不总是公平的。这着实让人不愉快，但却是我们不得不接受的真实处境。我们许多人所犯的一个错误便是为自己或为他人感到遗憾，认为生活应该是公平的，或者终有一天会公平。其实不然，现在不会公平，将来也不会。

对于强求生活公正的人来说，生活就是一出不可逆转的悲剧。在这出悲剧中，人们先是冷眼旁观片刻，然后就扮演起自己的角色。

能够理解并热爱生活的人绝不会强求生活给自己玫瑰，而是把自己手中的荆棘变成玫瑰。在这个过程中，有挣扎却没有痛苦，有呻吟却不会有眼泪。

欧洲某国一位著名的女高音歌唱家，30多岁就已经红得发紫，誉满全球，而且郎君如意，家庭美满。

一次，她到邻国去开独唱音乐会，入场券早在一年以前就被抢购一空，当晚的演出也受到极为热烈的欢迎。演出结束之后，歌唱家和丈夫、儿子从剧场里走出来，一下子被早已等在那里的观众团团围住。人们七嘴八舌地与歌唱家攀谈着，其中不乏赞美和羡慕之词。

有的人恭维歌唱家大学刚刚毕业就开始走红，进入了国家级的歌剧院，成为扮演主要角色的演员；有的人恭维歌唱家有个腰缠万贯的某大公司老板做丈夫，而膝下又有个活泼可爱、脸上总带着微笑的儿子……

人们议论的时候，歌唱家只是听着，并没有表示什么。等人们把话说完，她才缓缓地说：

“首先我要谢谢大家对我和我的家人的赞美，我希望在这些方面能够和你们共享快乐。但是，你们看到的只是一面，还有另外一面没有看到。那就是你们夸奖活泼可爱、脸上总带着微笑的这个小男孩，不幸是一个不会说话的哑巴，而且，他还有一个姐姐，是需要长年关在装有铁窗的房间里的精神分裂症患者。”

歌唱家的一席话使人们震惊得说不出话来，大家你看看我，我看看你，似乎很难接受这样的事实。

这时，歌唱家又心平气和地说：“这一切说明什么呢？恐怕只能说明一个道理：上帝是公平的。那就是上帝给谁的都不会太多，也不会太少。”

承认生活中充满着不公平的一个好处，便是它将激励我们尽己所能，而不再自我伤感。我们知道让每件事情完美并不是“生活的使命”，而是我们自己对生活的挑战。承认这一事实也会让我们不再为他人感到遗憾。每个人在成长、面对现实、做种种决定的过程中，都有各自不同的能力和难题，每个人都有感到成了牺牲品或遭到不公正待遇的时候。

承认生活并不总是公平的这一事实，并不意味着我们不必尽己所能去改善生活，去改变整个世界；恰恰相反，它正表明我们应该这样做。当我们没有意识到或不承认生活并不公平时，我们往往怜悯他人也怜悯自己，而怜悯自然是一种于事无补的失败主义的情绪，它只会令人感觉比现在更糟。但当我们真正意识到生活并不公平时，我们就会对他人也对自己怀有同情，而同情是一种由衷的情感，它所到之处都会散发出充满爱意的仁慈。当你发现自己在思考世界上的种种不公正时，记得提醒自己这一基本的事实。你或许会惊奇地发现，它会将你从自我怜悯中拉出来，采取一些具有积极意义的行动。

你也许正为一个专横的老板服务，并因此觉得很不公平，那么不妨把这看做是对自己的磨炼吧，用亲切宽容的态度来回应老板的无情。借着这样的机会磨炼自己的耐心和自制力，转化不利的因素，利用这样的时机增强精神的力量。而老板经过你的逐渐感化，将会认识到自己行为的不妥，从而改变对你的不公正的做法。同时，你自己也将提升到更高的精神境界，一旦条件成熟，你就能进入崭新的、更友善的环境中。

欧阳丹大学毕业后求职受挫，最后终于在一家小公司里谋得了一份业务员的工作。尽管这份工作与她名牌大学的学历不符，但她毫不计较，因为她懂得：一个人只有把自己的心灵回归到零，用一颗平常心学会忍耐，才能在这个社会上立足，才能取得事业上的发展。面对刁钻的同事和无理取闹的客户，她时刻提醒自己：我是在学习，我要坚持。她咬紧牙关，忍受着各方面的压力，在一次次的挫折中总结经验，积攒力量。两年后，凭借出色的业务能力和坚韧的态度，她成为该公司的业务经理。

外界的事物是什么样子，由不得你去选择和控制，但用什么样的心态去对待，则可以由你自己做主。面对生活中的种种不公正，能否使自己像骆驼一样坚韧，关键就在于你能否以一颗平常心去面对。

一句话感悟

比尔·盖茨说：“人生是不公平的，习惯去接受它吧。”世界上从来就没有绝对公平的理想国，只有幻想公平的乌托邦。你快乐或不快乐，是与公平无关的。

---

8. 年龄，成功没有年龄的界限

成功与年龄无关

现在的人似乎普遍有一种危机感和后怕，担心自己在年轻的时候庸庸碌碌地浪费时间，同时担心自己年轻时无所作为的表现会一直延续到年老体弱，直至很凄惶地离开这个世界；并且对于自己的现状，10 个人中有 9 个人是不满足的，认为做一件平凡的工作，做一些平淡的事情很没有意义，饿不死、撑不着的生活实在令人厌恶。

通过阅读大量的人物传记，我们发现，虽然人在各个年龄阶段有其典型的成长过程和行为规律，但也总有一些人突破了这一模式，使他们在某些方面的发展非同寻常。然而，无论是生命短促或幸福长寿，他们都无视人们想象中的年龄限制。请不妨看一看以下的实例，它向我们揭示了人类奇妙的差异性：

3 岁，莫扎特正在弹奏拨弦古钢琴，并能记住只听过一遍的乐段。

7 岁，波兰钢琴家肖邦创作了“G 小调罗乃兹舞曲”。

10 岁，爱迪生在他父亲的地下室建立起一个实验室，开始了历史上最伟大的发明事业。

12 岁，格特鲁德·埃德于 1919 年成为女子 800 米自由泳最年轻的世界纪录创造者。

15 岁，鲍比·费希尔获得了“最年轻的国际象棋大师”称号。

21 岁，简·奥斯汀开始写她的第一部名著《傲慢与偏见》。

22 岁，海伦·凯勒出版了她的自传。

25 岁，查理斯·林德柏格首次单独不停地飞越了大西洋。

28 岁，比利·珍尼成为了第一名职业网球女运动员。

35 岁，著名音乐家莫扎特由于心脏病，离开人间。

39 岁，钢琴家肖邦死于肺结核。

42 岁，芭蕾舞蹈家玛戈特·芳廷开始和著名芭蕾舞男演员鲁道夫·纳勒耶夫合作同登舞台。

43 岁，约翰·肯尼迪当选为美国最年轻的总统。

50 岁，亨利·福特采用“流水装配线”，首次实现了汽车价格低廉的大规模生产。

53 岁，玛格丽特·撒切尔成为英国第一任女首相。

64 岁，弗朗西斯·奇切斯特独自乘 53 英尺长的游艇周游世界。

65 岁，丘吉尔首次成为英国首相，开始与希特勒作划时代的斗争。

75 岁，加利福尼亚的埃德·迪拉诺用 33 天半的时间，骑自行车 3100 英里，前往马萨诸塞州沃尔塞斯特参加他的大学 50 周年校庆。

76 岁，红衣主教安吉洛·龙卡利成为约翰二十三世教皇，于 5 年内进行了重要改革，为罗马天主教廷开创了新纪元。

80 岁，摩西“奶奶”（安娜·玛丽·罗伯逊）在 76 岁时开始作画，80 岁举行了首次女画家个人画展。

81 岁，本杰明·富兰克林巧妙地协调了议会众代表的分歧意见，使美国宪法得以通过。

84岁，丘吉尔两任首相告退，回到下议院，又一次获得议会选举，并展出他的画作。

88岁，大提琴家帕布罗·卡萨尔斯照常举行音乐会，96岁逝世。

100岁，美国黑人早期爵士音乐的钢琴演奏家兼作曲家尤比·布莱克1983年逝世，他在去世前5天过生日时说："如果我早知道我能活这么长，我一定会更好地保养自己。"

人人都希望自己成功，希望自己年轻有为，出人头地，干一番轰轰烈烈的大事业，因而，这些心态更使人们有"少壮不努力，老大徒伤悲"之感。于是努力实现自己的一些梦想与希望，认为如果过了自己年轻的可炫耀的年龄仍一事无成，将后悔莫及。然而，不同的知识结构、能力水平以及境遇机会等等，会造就出不同的命运前程，许多事并不是努力了就一定能够实现和得到的。为此，许多人付出了惨重的代价，甚至是自己年轻的生命。

很早就听说日本年轻人不堪忍受生活与工作的压力而"自杀"的事件屡有发生。因为日本人的倔强与好强斗勇以及极强的自尊心，使很多人认为一个人只有在年轻时有所作为，才算得上是一个有价值和有贡献的人，否则这一生将会因为年轻时的碌碌无为而毫无现实的生存意义，况且到老了有几个人还能有所作为，还能有精力和体力去获得成功的砝码呢？这就使年轻人忘乎所以地工作，加班加点，废寝忘食以致严重到体力透支，一旦遇到强劲的竞争对手、现实与理想及目标的较大差距或自尊心受到伤害时，可能就会导致轻生事件的发生。这种极端的现象可以说是愈演愈烈，甚至也出现在中国国内的一些高校当中。尤其是当前的就业形势逼人，由此引发的社会问题非常之多，而且问题间往往是连锁反应，或牵一发而动全身。有句顺口溜这样说："中专生根本不要，大专生靠一边站，本科生仅作参考，研究生考虑考虑。"这种学历上的歧视就已经造成了许多人，尤其是年轻人内心的矛盾与不平衡，更使他们的成功成为最重要、最紧迫的头等大事。

当然，不同的人对成功有着不同的理解，有些人认为拥有大量的财富就是成功；有些人认为能够不断升迁就是成功；而对更多的平凡人来说，他们认为有房有车就是成功；还有些人认为功成名就就是成功。然而，人人都有本难念的经，自己未能置身于“禅学”之中，当然不会理解自己到底在追求一种什么样的成功，是欲望？是贪婪？是吃苦耐劳？还是智中取胜？许多东西连我们自己也说不清道不明。

可以肯定的是，一个人的成功与年龄本身并无太大关系。

“扬州八怪”之一的金农在50岁之前只是个无所作为、毫无名气的普通人，他在50多岁时突发奇想，发现了自己的绘画天赋，此时才真正开始学画画，最终成为一代画坛宗师，实现了从普通人到成功人士的飞跃。

中国饮料第一品牌杭州娃哈哈集团的老板宗庆后，以前只是个推着自行车走街串巷卖冰棍的小商贩，他在41岁时才开始创业，经过十几年的发展，娃哈哈成为中国饮料行业的龙头，宗庆后也成为行业内呼风唤雨式的领军人物。

许多老年人在退休前一直是平淡无奇、安于现状的，可退休后又进行二次创业或又青春迸发，使自己在步入人生的黄昏时，才对自己说“这才是我这一生真正的成功”。

一个法国老人退休以后，身体尚健，感到自己还应该做些事，于是他来到一所大学图书馆当门卫。面对浩如烟海的书籍，看到那些莘莘学子进进出出，久而久之，他又感到了内心的不平静。他想：自己一辈子没有上过大学，而今身在图书馆门口，实际上却是呆在知识殿堂之外。虽然自己已经75岁了，但学习不分早晚。于是，他辞去工作，回到家里发奋读书，终于在85岁时上了大学，90岁时成了博士。在他百岁生日那天，他的那些大多是20岁开外的同学为他祝寿。老人深有感触地说：“生活中有许多事情不是我们做不到，而是我们往往喜欢把年龄的大小作为是否能够成功的标准。其实，成功与年龄无关。”

上述这些活生生的事例说明了一个问题：只要具有极其强烈的成功愿望，年龄一定不会是问题，年龄一定不会成为阻碍你成功的决定性因素。

现在有种说法，把走政界之路、想做官的人称之为走“红道”；将下海经商做生意的人称为走“黄道”；将打工和上班一族的人叫走“蓝道”；而走“黑道”的是哪些人自然更是不言而喻了。所谓三百六十行，一人一把号，各有各的调，不论是走哪条道的人，都会有自己的成功标准。就拿走“红道”的人来说，他们每升迁一次，都可说是一次成功，但是鉴于国家对领导干部年轻化的基本要求，许多人以及他们身边的亲戚朋友常常会评价说：“还有没有升迁的希望，如果到了40岁就再也没有机会了！”这只是一种趋势的流行说法，谁都眼明心亮，国家各部委机关的重要部门有几个是由年龄小于40岁的人来担当重任了？姜还是老的辣，真正担当重任的还不是一些年龄稍大的同志吗？“黄道”中，年纪轻轻就成为百万、千万甚至是亿万富豪的，加入成功人士行列的又有几个？简直是凤毛麟角。

成功自有其道，千万不要勉强自己，同时更不能强求。其实成功很简单，也很容易，就看你能不能发现，从内心要不要。对于登山者，看到山外的世界就是成功；对于探海者，得到大海的亲吻与拥抱就是成功；对于痛苦者，得到欢笑就是成功；对于流离失所者，得到一个和睦幸福的家就是成功；对于身边的你和我，能够以积极的心态、奋斗不息的精神快乐地生活着、工作着就是成功。

成功贯穿于每一天，成功存在于我们每个年龄段，成功也更会光顾我们生活的角角落落，而成功也一定与年龄无关！

迟了不要紧，别等到生锈下地狱

现在流行的说法是29岁——趁青春有效期截止以前行动，否则，你将被打上“过期”的烙印。据哈佛商学院杰弗里·蒂蒙斯统计显示，创立高潜力企业的创业者平均年龄在 35 岁左右。

进入互联网时代，满眼青春逼人的 IT 新贵，他们的成功来势汹汹，仿佛让人愈发紧迫地感觉到，创业要趁早。我们来检索一下几个商业天才的起点：18 岁，大一学生迈克·戴尔登记注册了“戴尔电脑公司”，开始投入到自装自销电脑的生意中；19 岁，比尔·盖茨辍学后着手实践他那富有预见性的梦想，创立微软；20 岁，史蒂夫·乔布斯在车库里办起了苹果公司；同样不到 30 岁在车库里开始自己伟大事业的还有 Google 的两位创始人拉里·佩奇和赛吉·布林，以及他们收购的 YouTube 网站的两位创始人——27 岁的华裔 Steve Chen 和 29 岁的 Chad Hurley。

不过，要相信创业青春最多 40 岁就要画上句点，这不免令人沮丧。

对那些已届不惑之年者，难道商业之门果真要就此关闭？年龄会成为一个充满创业热情的中年人，甚至老年人挑战自我的死穴吗？事实显然并非如此。要知道，创业成功的关键要素——创意、远见、自发性，并不存在具体的年龄限制。

我们同样可以找到很多大器晚成者的成功范例：玫琳凯·艾施，45 岁退休后投入了半生的积蓄，在一家不到 50 平米的小店里开创了如今全球知名的化妆品集团玫琳凯化妆品公司；麦当劳创始人雷·克劳克，52 岁开创快餐连锁模式，花 270 万美元买下麦当劳餐厅的所有权，并将之推向全美国；山德士上校——肯德基之父，66 岁开始二次创业，1009 次的推销失败也丝毫没有动摇他对成功的信念。

铭万网的创始人张冀光和马为民说：“我们从不认为自己 63 岁，而是 53 岁，我们经历的 10 年文革要除掉，那 10 年我们要挣回来。”

威汉营销的女总裁陈一的精致外表，让她看上去根本不像已到“知天命”之年。周君记的老板周英明唯一的爱好是穿戴，尽管有时略显时髦花哨，但却让他充满活力。

看淡年龄的劣势，让他们看上去比同辈人更年轻。正是这种活力，支撑了他们持续的创造力和想象力。在他们的血液里，流淌着浓烈的激情和一种完全对立的淡定。这让他们并不惧怕失败，每一次失败对他们而言，不过是一次螺旋式上升的过程，所失即所得，实践、体验过程的本身，同样被他们视为一笔宝贵的财富。所以，53岁的马妮，开了8年形体梳理连锁店没赢利，又屡屡被骗，却一直在坚守和等待；55岁的赵申耗费7年心血打开了北京“吉野家”的市场，却被日本东家踢出局，不服输的他创立了“和合谷”，决心“用人生最后一次机会，去创建一个快餐方面的民族品牌”。

讲述以上的故事，不是想简单地歌颂他们的壮心不已，也不是要给懒惰者无所事事的理由，更不是倡议你非要等到青春消逝方才行动；不过是想立一面镜子，驱赶那些习以为常的怠惰。山德士大叔说：“人们因闲散而生锈者比精疲力竭者多，如果我因闲散而生锈过，我会下地狱。”

一句话感悟

年龄只是一个数字。一个人只要专注于一件事并为之而努力，年龄对他来说，往往是可以忽略不计的，因为成功没有年龄的界限。

第五章　寻找心灵的港湾
——幸福就在转变处

人的心态有两种，即乐观与悲观，悲观者在遭遇挫折，身陷逆境时，怨天尤人、心灰意冷，裹足不前；乐观者在遭遇坎坷时，保持冷静，不退缩，不逃避，敢于承担，并积极寻找有效解决方法，在危机中寻求新的机遇。只要我们保持一颗乐观的心态，做一名生活的强者，在山穷水尽的时候，也会寻找到另一处柳暗花明的繁荣景象。

1. 抱怨，就是无能的表现

抱怨是会传染的

抱怨就好比口臭，当它从别人的嘴里吐出来时，我们就会注意到；但从自己的口中发出时，我们却能充耳不闻。当事情不太对劲时，而你说了“当然会这样喽!”或是“难道你不知道吗?”你就是在传送这样的信息：你在等待坏事的降临。这个世界听见了，就会带来更多坏事给你。

从前，有个寺院的住持，给寺院里立下了一个特别的规矩：每到年底，寺里的和尚都要对住持说两个字。第一年年底，住持问新和尚心里最想说什么，新和尚说：“床硬。”第二年年底，住持又问新和尚心里最想说什么，新和尚说：“食劣。”第三年年底，新和尚没等住持提问，就说：“告辞。”住持望着新和尚的背影，自言自语地说：“心中有魔，难成正果，可惜！可惜!”

住持说的“魔”，就是新和尚心里无尽的抱怨。这个新和尚只考虑自己要什么，却从来没有想过别人给过他什么。

哲人说，世界上最大的悲剧和不幸就是一个人大言不惭地说：“没人给过我任何东西。”像新和尚这样的人在现实生活中有很多，他们这也看不惯，那也不如意，怨气冲天，牢骚满腹，总觉得别人欠他的，社会欠他的，从来感觉不到别人和社会对他所做的一切。这种人心里只会产生抱怨，不会产生感恩。

抱怨容易使人产生消极心理，对周边的人和事产生抵触情绪，工作开始力不从心，业绩开始下降。而且一旦开始抱怨，就会遇上更多想要抱怨的事，只会吸引来更多你不喜欢的事物。抱怨生活、抱怨老天、抱怨命运、抱怨这抱怨那，每次抱怨时心中总是充满了委屈、愤怒、懊恼……那时那刻，我们的身心在遭受多大的打击。

为什么抱怨的人会说生活得这么累，因为他只看到了自己的付出，而没有看到自己的所得，心理上的极度不平衡导致抱怨连锁反应，对心理和生理都是一个负担；而不抱怨的人即使真的很累，也不会埋怨生活，因为他知道失与得总是同在的，一想到自己获得了那么多，他就会感到高兴。

相信以下这个故事会给你一些启发：画家列宾和他的朋友在雪后去散步，他的朋友瞥见路边有一片污渍，显然是狗留下来的尿迹，就顺便用靴尖挑起雪和泥土把它覆盖了，没想到列宾发现时却生气了。他说，几天来我总是到这来欣赏这一片美丽的琥珀色。

生活中，当我们总是埋怨别人给我们带来不快，或抱怨生活不如意时，想想那片狗留下的尿迹，其实，它是“污渍”还是“一片美丽的琥珀色”，都取决于你的心态。

生活有时的确会有很多的不如意，会让我们觉得被它玩弄、被它抛弃。所以，我们必须学会改变自己，尽量避免再次被生活玩弄。不要只是一味抱怨，要学会感恩，而且在感恩的同时，也一定要明白：生活不会把我们抛弃，只有我们自己把生活抛弃。

现在，你不妨自我检视一下：你经常抱怨吗？你已经一个月或是更久没有抱怨了吗？如果你每天抱怨 10 次以上，那么你可能已陷入惯性的抱怨状态。

你可能说你不会或不常抱怨，你认为你只有在事情着实恼人时才会抱怨。当你想为自己的抱怨辩解时，先扪心自问，这次经历是否真的那么糟糕？让你抱怨的实际原因很严重吗？然后再下定决心，实现不抱怨的承诺。

现实中总有太多的不如意，但是，就算生活给你的是垃圾，你也一样能把垃圾踩在脚底下，登上世界之巅。所以，从现在开始，不要抱怨你的专业不好，不要抱怨你的学校不好，不要抱怨你坐在不像样的办公室里，不要抱怨你的工作差、工资少，不要抱怨你空怀一身绝技却没人赏识你。记住，是金子，在哪里都会发光。当你用消弭抱怨来控制言语时，就能主动创造生活，引来渴望的结果。

不要抱怨，只要行动

有些人总在抱怨，似乎老天爷就是对他不公，似乎他就是这个世界上最倒霉的人。

抱怨能解决问题吗？抱怨能使你摆脱现状吗？抱怨能使你的工作、学业、生意越来越好吗？

什么都不可能！抱怨只会让你变得越来越不快乐，不快乐的你能做些什么事呢？几乎无法完成像样的事。

与其如此，还不如暂时抛弃那些烦心的事，多想想怎样才能更快更好地解决问题，这不是比在那儿抱怨强上千百倍？

乡下有位陶瓷匠，听说城里人喜欢用陶罐，便决定烧制一批最好的陶罐卖到城里去。陶罐烧制好后，陶瓷匠雇来一艘轮船，准备将所有的陶罐都运到城里。想到自己卖了陶罐马上就能过上好日子，陶瓷匠兴奋不已。但谁也没想到轮船中途竟遇到强风暴，风暴过后，轮船靠了岸，船上的陶罐却全成了碎片。

陶瓷匠非常沮丧，捶胸顿足之后，他又想，失去了那些陶罐本来就够不幸的了，现在如果再因此不快乐遭贱身体，岂不是更加不幸？他决定先到城里好好玩几天。在玩的时候，陶瓷匠意外发现，城里人用来装饰墙面的东西很像自己烧制陶罐的材料。于是，他决定把那些陶罐碎片再砸碎，做成马赛克出售给建筑工地。最后，陶瓷匠不但没有因陶罐破碎而亏本，相反，他因出售马赛克而大赚了一把。

由此可见，乐观者在灾祸中看到机会，悲观者在机会中看到灾祸。遭遇挫折，身陷逆境时，如果心灰意冷，肯定是一事无成；倘若我们心态乐观，保持冷静，新的机遇就会被发现。日常生活中，困难、不如意不可避免，要想成为强者，乐观须是生活常态。何谓乐观，打个比喻，就像炉灶上的响壶，屁股烧得红红的，却有心情吹口哨。

李同总有着好的运气。他获得好运的秘诀是每天早上出门，如果遇到晴天，就说："啊！这是个多么美好的天气。"如果是阴天则讲："这是多么有情调的天气。"坐上车他会想："今天是个幸运的日子。"然后觉得每个人都在对他笑，好运也就跟着来了。听起来似乎很邪乎，但是其中的主要原因，应该是他总能保持一颗乐观而充满希望的心。

事物都有其两重性，问题就在于我们怎样去对待它们。乐观者对待事物，不看消极的一面，只取积极的一面。如果摔了一跤，把手摔出血了，他会想：多亏没把胳膊摔断；如果遭遇车祸，撞坏了一条腿，他会想，大难不死必有后福。

人与人之间只有很小的区别，但正是这很小的区别造成了巨大的差异。这个区别就是你具备的心态是积极的还是消极的，巨大的差异就是成功与失败。

美国作家欧·亨利在他的小说《最后一片叶子》里讲了一个故事：病房里，一个生命垂危的病人在房间里看见窗外的一棵树，树叶在秋风中一片片地掉落下来。病人看着眼前的萧萧落叶，身体状况也越来越差，一天不如一天。他说："当树叶全部掉光时，我也就要死了。"一位老画家得知后，用彩笔画了一片叶脉青翠的树叶挂在树枝上。最后一片叶子始终没有掉下来。只因为生命中的这片绿，病人竟奇迹般地活了下来。

心态的力量是如此的巨大，以至于人们可以通过改变自己的想法，来改变自己的人生。一个人要想自在自如地生活，心中就需要多一份坦然，要以乐观的态度对待不幸。世间的绝境，常始于自己的心境，乐观的性格能产生积极的心境。如果凡事都从积极、乐观的方面去想，就不会被任何困难所吓倒，甚至能将困难与不幸转化为幸福。

一句话感悟

抱怨是最消耗能量的无益举动。有时候，我们不仅会针对人，也会针对不同的生活情境表示不满。如果找不到人倾听我们的抱怨，我们还会在脑海里抱怨给自己听。其实，在每一种貌似合理的抱怨背后，都有一种更好的选择，那就是——改变现状。

2. 消极，是消耗你意志的牢笼

99%的烦恼其实都不会发生

每个人或多或少都有过杞人忧天的经历。比如有一天早晨起得太晚，你不禁想：糟糕！起得太晚了，一定会碰上大塞车，上班肯定会迟到。如果迟到了，老板肯定会对我不满意，要是他气炸了，说不定会让我走人。万一我失业了，房屋贷款和一大堆等着支付的信用卡账单该怎么办？要是不能及时找到新工作的话，不但信用破产，房子也会被查封。房子没有了，我住哪去？没钱又没地方可去，我一定挨饿，搞不好还会横死街头！而这些都是因为今天这么晚起床！

也许你会觉得这一路推演下来未免太夸张了点，没错，是稍微夸张了点，不过，类似这样的杯弓蛇影你绝不会没有过。

适当的恐惧感可以促使我们奋发向上，没有了它，大多数人就失去了激发自己向上的原动力，没有了奋斗的动机。但是，过度恐惧并不可取，它只会让我们成天忧心忡忡，什么也做不了。如果凡事能够退一步想，不要那么钻牛角尖，忧虑就会减轻不少。就上面的例子来说，虽然迟到了，你可以安慰自己，说不定赶着上班的人今天都起早了，一路过去都畅通无阻。万一塞车了，老板可能也还没到。就算被他逮到了，顶多批评一顿，没什么大不了的。

反正对于未知的事，所有猜想都是几率问题。以统计学来说，最坏和最好的情况出现的几率都是微乎其微的，同时它们的机会也大略相等，所以你不必担心。更何况，如果最坏的结果真被你料到了，你又能怎么办？你的担心能够改变它吗？实际上，很多事是无法提前完成的。过早地为将来担忧，于事无补，只会让你活得更累，为你带来更多沮丧的情绪。禅宗所主张的“活在当下”，不就是指努力过好现在，把明日的事情留给明日吗！

美国作家布莱克伍德在一篇文章中写了他在二战期间的一段亲身经历：

40 多岁的布莱克伍德，因为战争的到来，众多的烦恼接二连三地向他袭来：因为战争，他所办的商业学校里大多数男生都应征入伍而出现了严重的生源危机；他的大儿子也在军中服役，生死未卜；他的住房附近要修建机场，土地房产基本上属无偿征收，赔偿费只有市价的十分之一；女儿高中马上就要毕业，上大学需要一大笔学费，却还没筹到。布莱克伍德坐在办公室里为这些事情苦恼着，随手便一条条写下来，冥思苦想对策，但都没有最好的办法，他只好把这张纸条放进了抽屉。

一年半过去了，有一天，他在整理资料时，无意中又看到了这张纸条，那些曾经折磨他很长时间的烦恼事，一一对照着看，却没有一项烦恼真正发生过。他担心商业学校无法办下去，但政府却拨款训练退役军人，他的学校很快便招满了学生；他的儿子毫发无损地回来了；住房附近因为发现了油田，他的房子也不再被征收；在女儿将入大学之前，他找了一份兼职工作，帮助他筹足了学费。

布莱克伍德最后得出了“99%的烦恼结论其实都不会发生”的人生经验，并深有感慨地说：“为了不会发生的事饱受煎熬，真是人生的一大悲哀!”

诚如斯言，99%的烦恼不会发生，而真正的烦恼又很少很少，可以忽略！这正应了中国的一句俗话：“船到桥头自然直。”一切烦恼都会随着时间的推移并通过我们自身的努力而被我们忽略。而忽略掉一个烦恼，就会迎来“山重水复疑无路，柳暗花明又一村”的佳境。

天气无法改变，心情却可以

天气阴晦的时候，我们会觉得心情就像外面的天气一样沉重，灰暗郁积于胸，变得烦躁易怒。当云开雾散，晴空万里，我们的心情也会随着天气的转变而转变，感觉心旷神怡，明媚无比，快乐得想放声歌唱。

天气的好坏对人的心情的确有一定的影响，但是如果我们任天气牵着鼻子走，那真是一件不太妙的事情。虽然我们不能主宰天气，但是我们可以主宰自己的心情。

在一次与成功学家陈安之的对话节目中，有一位同学问他：“陈老师，为什么天气会影响我的心情?”陈安之说：“其实不是天气原因，而是你自己心理的因素在作怪，让我给你们讲一个真实的故事吧。我以前在美国演讲，有一个同事当天回到他住的地方，他说太棒了！我问他发生了什么事？他说今天出车祸了。我说出车祸你高兴什么？他说幸亏只撞到车，没有撞到人。我说那要撞到人怎么办？他说幸好只撞到人，没有撞死人。我说如果撞死人怎么办？他说幸好只撞死一个，没有整车都死。要知道，在这个世界上再糟糕的事情也有其好的一面。”可见，与其说是天气这些外在的客观因素影响了我们的心情，不如说是我们自己不懂得转换。事实上，真正影响我们心情的只有我们自己。

当然，不仅仅是天气的变化会影响我们的心情，还有很多其他客观因素，也在牵引着我们的心情。比如考试得了第一名，回家的脚步一定是轻松愉悦的；比如面试失败了，有人送花请客吃饭也难高兴起来；比如甜蜜的爱情会让一个人神采奕奕，而失恋的人却如同掉进深渊。当遭遇让我们悲伤的事情的时候，如果我们能够换个角度，及时转换心情，即便是在黑云压日、雷声滚滚的恶劣天气里，也一样能拥有阳光般的明媚心情。

小丽失恋了，悲伤和痛苦笼罩着她，她坐在公园的一角暗自落泪，觉得这个世界暗无天日，任朋友们怎么劝都无济于事。一位老人路过这里，听了她的故事，对她说：“孩子，你不过损失了一个不爱你的人，而他损失的却是一个爱他的人。说到底，他的损失比你大，伤心的应该是他才对啊。”小丽听后，觉得有道理，决定放弃这段感情，她的心情也好多了。

很多人在置身悲伤的时候，知道心情可以改变，但是不知道怎么改变，很多时候，同一件事换一个角度去看，心情就会因此而不同。

让天气牵着心情走和不能左右天气就掌控心情，是典型的两种心态，前者是消极的悲观主义，后者是积极的乐观主义。如果你一直让消极的心态占据你的心灵，那么就算让你中了500万元的彩票，你也会认为这必将是坏事一桩。因为你害怕中奖之后，有人会觊觎你的钱财，进而对你采取不利的行动。就是说，事情的好坏是由你选择面对事情的态度来决定的。

一件衬衫丢失了几个纽扣，有的人恪守着固定的思维，艰难地寻找与原来一模一样的纽扣，其实并不是原有的就是最好的，为何不把眼光放开一些，选择比原来更适合衬衫、更显风采的纽扣呢？生活的道路很宽，活泼的思想、敏锐的直觉，才有利于我们完善自我，发挥更大的潜力。

记得著名的心理学家李恕信（美籍华人）讲过这么一个故事：一个小女孩趴在窗台上，看窗外的人正埋葬她心爱的小狗，不觉泪流满面，悲恸不已。她的外公见状，连忙引她到另一个窗口，让她欣赏她的玫瑰花园。果然小女孩内心的愁云为之扫净，心情顿时明朗起来。老人捧着小女孩的小脸说："孩子，你开错了窗户。"现实生活中，我们也常常会遇到小女孩这样的境地，为何不引导自己打开"另一扇窗户"呢？

有些人即便在晴朗的天气里，也会为明天天气的好坏忧虑，而有些人却能在乌云密布的时刻，想象着风雨之后的美丽彩虹。事实上，每一件事物都有它不同的一面，眼睛所及之处，并非事物的全部。大部分情况下，你要寻求什么，你的眼睛就会看到什么。正如心情沮丧的时候，绝对不会看到阳光明媚；心境愉快的时候，就算是嘈杂声也会变成悦耳的音乐。可见，心情的好坏，完全取决于你的心态，而不是其他外界因素。世间的诸多事情，像天气的阴晴雨雪一样是我们所不能控制的，但是，我们可以做自己心情的主宰者。只要你不主动抛弃好心情，无论是谁都不能将坏心情强加给你。

一句话感悟

乐观的心理就像一个强有力的磁场，又如同花蜜吸引蜜蜂一样。会将各种有利因素吸引到自己身边，这样事情结果也因此有了巨大改变。

---

3. 固执，要明白只有变才能通

固执不等于坚持

在现实生活中，很多人常常因为不懂得放弃所谓的固执、不肯放手，而不得不面对许多无奈的痛苦。这些让人身陷其中而无法自拔的困境，貌似无法解脱，实际上在我们懂得了放弃的艺术之后，一切都变得豁然开朗起来。

两个贫苦的樵夫靠着上山捡柴糊口。有一天，他们在山里发现两大包棉花，两人喜出望外，棉花价格高过柴薪数倍，如果将这两包棉花卖掉，足可供家人一个月衣食无忧。当下两人各自背了一包棉花，便欲赶路回家。

走着走着，其中一名樵夫眼尖，看到山路上扔着一大捆布，走近细看，竟是上等的细麻布，足足有 10 匹之多。他欣喜之余，和同伴商量，一同放下背负的棉花，改背麻布回家。

他的同伴却有不同的看法，认为自己背着棉花已走了一大段路，到了这里丢下棉花，岂不枉费自己先前的辛苦，因此坚持不愿换麻布。发现麻布的樵夫见屡劝同伴不听，只得自己背起麻布，继续前行。

又走了一段路后，背麻布的樵夫望见林中闪闪发光，待走近一看，地上竟然散落着数坛黄金，他心想这下真的发财了，赶忙邀同伴放下肩头的棉花，改用挑柴的扁担挑黄金。

他的同伴仍是那套不愿丢下棉花以免枉费辛苦的论调，甚至还怀疑那些黄金不是真的，劝他不要白费力气，免得到头来空欢喜一场。

发现黄金的樵夫只好自己挑了两坛黄金，和背棉花的伙伴赶路回家。走到山下时，突然无缘无故下了一场大雨，两人在空旷处被淋了个湿透。更不幸的是，背棉花的樵夫背上的大包棉花，因为吸饱了雨水，重得完全无法再背动，樵夫不得已，只好丢下一路辛苦背着、舍不得放弃的棉花，空着手和挑金的同伴回家去了。

在社会的压力下，还有的人错误估计自己的能力，导致失败的结局。

有这样一个故事：动物们在举办一年一度的“比大”比赛。一头犀牛走上台，动物们高呼：“大!”大象登场表演，动物也欢呼：“真大!”这时，台下角落里的一只大青蛙气坏了，难道我不大吗？它跳上舞台，拼命鼓起肚皮，同时神采飞扬地高声问道：“我大吗？”

“不大——”台下传来的是嘲讽的笑声。

青蛙不服气，继续鼓着肚皮。“嘭”的一声，它的肚皮撑破了，一命呜呼。

放弃是量力而行，明知得不到的东西，何必苦苦相求？明知做不到的事情，何必硬撑着去做？

坚持固然是一种良好的品性，但在有些事情上过度的坚持，会导致更大的错误。成功者的秘诀是随时检查自己的选择是否有偏差，以便合理调整目标，放弃无谓的固执，轻松地走向成功。

不行就停，不要硬撑

有一个人非常热衷于登山，他有幸加入了攀登珠穆朗玛峰的活动。到了海拔 7800 米的高度时，他支持不住了，便停了下来。当他回去讲起这段经历时，大家都替他惋惜：为什么不再坚持一下呢？再往上攀一点点，就能爬到顶峰了！

“不，我最清楚，7800 米的海拔是我登山生涯的极限，我不会为此感到遗憾的。”他很平静地说。

这个人是明智的，他了解自己的能力，没有因为追求完美而勉强自己，所以能够平安归来。而那些追求完美的人，往往在还没有衡量清楚自己的能力、兴趣之前，便一头栽在一个过于高远的目标里，每天受尽辛苦和疲惫的折磨。他们希望获得他人的掌声和赞美，博得别人的羡慕，为此做什么事都要求尽善尽美，久而久之，生活便成了负担，工作自然也毫无意义可言。

金无足赤，人无完人。我们都应该认识到自己的不完美。全世界最出色的足球运动员，10 次传球可能会有 4 次失误；最棒的股票投资专家，也有马失前蹄的时候。既然连最优秀的人做自己最擅长的工作都不能尽善尽美，那么一个普通的人出现失误又有什么不能原谅的呢？

只要你知道这个世界上没有什么会达到“完美”的境地，你就不必设定荒谬的完美标准来为难自己。你只要尽自己最大的努力去干好每件事，就已经是很大的成功了。

从前有一位画家，想画出一幅人人都喜欢的画。经过几个月的辛苦工作，他把画好的作品拿到市场上去，在画旁放了一支笔，并附上说明：亲爱的朋友，如果你认为这幅画哪里有欠佳之笔，请在画中标上记号。

晚上，画家取回画时，发现整个画面都涂满了记号——没有一笔一画不被指责。画家心中十分不快，对自己的画技深感失望。他决定换一种方法再去试试，于是他又摹了一张同样的画到市场上展出。这一次，他要求每位观赏者将其最为欣赏的妙笔都标上记号。结果是，一切被指责过的地方，如今全换上了赞美的标记。

最后，画家不无感慨地说：“我现在终于明白了，无论自己做什么，只要使一部分人满意就足够了。因为在有些人看来是丑的东西，在另一些人的眼里恰恰是美好的。”

在人生中，不是所有东西都能让人满意，都能达到至善至美的境界。完美往往会成为人生的负担，人绷紧了完美的弦，它却可能发不出声音来。

从前有个人有一张优质的由檀木做成的弓，他非常珍惜这张弓——它射出的箭又远又准。

有一次，他一边观察一边想：还是有些笨重，外观也无特色，请艺术家在弓上雕一些图画就好了。于是，他请艺术家在弓上雕了一幅完整的行猎图。

他拿着这张完美的弓，心中充满了喜悦。“你终于变得完美了，我亲爱的弓！”

他一面想着一面拉紧了弓，这时，弓“咔嚓”一声断了。

人生就像我们手中的弓，追求完美的结果就是让这张弓毁于一旦。

面对困境不妨转个弯

俗话说：“山不转，路转；路不转，人转。”我国古书《易经》上也说：“穷则变，变则通。”《圣经》上也有这样的记载：“上帝关了这扇窗，必会为你开启另一道门。”的确，天无绝人之路，必要时转个弯，总会走向成功。

“王致和”臭豆腐今天已是许多人口中的美味，但或许很少有人知道，这闻名中外的臭豆腐与王致和的失败是有很大关联的。

相传康熙年间，安徽青年王致和赴京应试落第后，决定留在京城，一边继续攻读，一边学做豆腐谋生。可是，他毕竟是个年轻的读书人，没有做生意的经验，夏季的一天，他所做的豆腐剩下不少，只好用小缸把豆腐切块腌好。日子一长，他竟把这缸豆腐给忘了，等到秋凉时想起来，腌豆腐已经变成了“臭豆腐”。王致和十分恼火，正欲把这“臭气熏天”的豆腐扔掉时，他转而一想，虽然臭了，但自己总还可以留着吃吧。于是，他就忍着臭味吃了起来，然而，奇怪的是，臭豆腐闻起来虽有股臭味，吃起来却非常香。

于是，王致和便拿着自己的臭豆腐去给朋友吃。好说歹说，别人才同意尝一口，没想到，所有人在捂着鼻子尝了以后都赞不绝口，一致公认此豆腐美味可口。王致和借助这一错误，改行专门做臭豆腐，生意越做越大，而且影响也越来越广。最后，连慈禧太后也慕名前来品尝美味的臭豆腐，对其大为赞赏。

从此，王致和与他的臭豆腐身价倍增，还被列入御膳菜谱。直到今天，许多外国友人到了北京，都点名要品尝被称为“中国一绝”的王致和臭豆腐。

因为一次失败，王致和改变了自己的一生。

在人生的道路上，如果遇到挫折，我们也要学会转个弯，把它作为一生的转折点，选择新的目标或探求新的方法，把失败作为成功的新起点。

正所谓“山重水复疑无路，柳暗花明又一村”，只要你不拒绝变化，愿意改变一下自己的思维习惯，就能走出困境，进入一个崭新的天地。

一句话感悟

有的门需要推开，有的门需要拉开。如果你拼命去推那扇应该拉开的门，肯定是行不通的。正所谓：“穷则变，变则通。”天无绝人之路，必要时转个弯，就会出现“柳暗花明又一村”的繁荣景象。

4. 浮躁，永远找不到心灵的净土

浮躁心理不可有

“闭关”是武侠小说里寂寞高手所做的事情，科技帝国里的武林高手比尔·盖茨每年都会做两次这样的事情：远离尘嚣7天，在一片浓密的雪松林旁的临水别墅中，凝神思考科技业的未来，然后把所思所想传遍整个微软帝国。

别以为盖茨的“闭关”只是故弄玄虚，1995年的那周里，盖茨写出了有名的《互联网浪潮》，为微软确立了新的战略方向，之后的Tablet PC、开创网络游戏业务等构想都是在“闭关”期间形成的。所以，中国的管理者也应当向盖茨学习“闭关”，但是具体学什么呢？首先就是浮躁的心态管理。

“浮躁”这个字眼，现在越发流行。浮躁的心态不是好的征兆，它只能带给你缥缈的人生；好高骛远的表现不是好的作为，它只会让你拥有随波逐流的生活。唯有忠实勤奋的付出，才能带给你实实在在的回报。

《孟子·公孙丑上》中有则寓言，说的是宋国有个种田人，为了让自己田里的禾苗长得快一些，就下到田里把禾苗一棵一棵地往上拔。拔完回到家，他对家人说：“今天累坏了，我帮助田里的禾苗长高了。”他的儿子听后，忙到田里去看，只见田里的禾苗全都枯萎了。今天用来比喻强求速成反而坏事的成语"揠苗助长"就源于这个故事。

植物生长必须依赖一系列条件，比如要有适宜的温度，要有适量的水肥，还要有足够的生长时间等。那个浮躁的宋国人急于求成，违反了植物的生长规律，把田里的禾苗都拔高了一截，费了半天力气，却把事情办坏了。

在《荀子·劝学》中也有一段发人深省的话："蚓无爪牙之利，筋骨之强，上食埃土，下饮黄泉，用心一也。蟹六跪而二螯，非蛇鳝之穴无可寄托者，用心躁也。"蟹有6条腿（实际上是8条腿）和2只蟹钳，自身条件比蚯蚓强得多，但由于浮躁，如果没有蛇和鳝的洞穴就无处寄身。可见，只要心恒志专，即使自身条件差，也能有所成就；反之，自身条件再好，性情浮躁，也将一事无成。

"涓流积至沧溟水，拳石垒成泰华岑。"这一出自宋代陆九渊《鹅湖教授兄韵》的诗句劝喻人们：涓涓细流汇聚起来，就能形成苍茫大海；拳头大的石头垒积起来，就能形成泰山和华山那样的巍巍高山。只要我们勤勉努力，脚踏实地，持之以恒，不论自身条件与客观条件如何，都能走上成才建业之路。

克服浮躁的心理，对我们做事、处世、修身都有益处。一个心浮气躁的人，是不受欢迎的，而且浮躁的心理还会影响健康。所以，在生活中注意克服浮躁心理是很有必要的，不然，我们就会深受其害。

远离浮躁心自安

1998年12月，钱钟书先生走了。一位深居简出、远避尘嚣的学者何以在逝世之前和逝世之后引起这么大的社会关注呢？一个重要原因，就在于这位老人坚守淡泊宁静的个人风范，以自足自在的精神生活把浮躁关在门外。虽然人们纷纷投身于追利逐名的喧闹中，但心中向往、暗许和肯定的还是老人的价值尺度。

浮躁是工作和学习的大敌。现代媒体传播的大量信息纷至沓来，使人难免有眼花缭乱之感。加上变化纷纭、多姿多彩的外部环境，又使人受到极大的诱惑。因此，如何远离浮躁，潜心学习，就成为对我们学海荡舟的考验。

浮躁不仅使人失去思想上的冷静，失去心理上的平衡，更会使人不再用脑子去思想，而是用眼睛和耳朵去思想，看到什么、听到什么就是什么。浮躁的人不再考虑自己的长短优劣，只与别人比较所走的途径和结果。

远离浮躁，就要志存高远。诸葛亮有句名言："非淡泊无以明志，无宁静无以致远。"平和宁静的心态来源于淡泊寡欲的心绪，严谨刻苦的治学态度来源于对自身差距和肩负责任的深刻理解，而强烈的求知欲望和责任意识来源于崇高的人生追求和正确的价值取向。只有把理想和追求树得高一些，把事业和责任看得重一些，把名利和享受看得淡一些，坚持不懈地把学习作为完善自身素质的根本途径，才会远离浮躁。

远离浮躁，就要挡住诱惑。现代社会，成功的比例明显增大。这可以鼓舞许多人不甘落后的进取心，但同时也会使人产生盲目的攀比心理，眼红心动，沦于浮躁。他们不问别人成功背后的艰辛，只图别人令人羡慕的结果，于是自己也做起了"心想事成"的美梦，陷入了"这山望着那山高"的误区。在他们看来，自己的能力不比别人差，吃的辛苦不比别人少，而待遇、荣誉、地位却样样不如人，实在冤枉。实际上，别人能够做到的，当然不是说这些人就一定不行，但要赶上别人甚或超过别人，有一个前提条件，那就是首先必须远离浮躁。人贵有自知之明，只有冷静地分析自己的长处和短处、劣势和优势、有利条件和不利条件，然后立足现实，确定目标，制定措施，付诸实践，才有成功的可能。

远离浮躁，就要勤学上进、不断进取。中国近代学者王国维在他的《人间词话》一书中谈到，古往今来，凡能成就大事业、大学问的人，无不经过读书的三种境界：

第一种境界，“昨夜西风凋碧树。独上高楼，望尽天涯路”。是说必须站得高，看得远，选定自己的奋斗目标。

第二种境界，“衣带渐宽终不悔，为伊消得人憔悴”。是说一个人在认定自己的目标之后，就要刻苦学习，为实现自己的目标奋力拼搏，即使衣带宽了，人渐瘦了，也始终不悔。

第三种境界，“众里寻他千百度，蓦然回首，那人却在灯火阑珊处”。是说经过千百次寻求知识后，回头一看，忽然发现自己为之奋斗的目标就在眼前，成功正在向你招手微笑。

有了这三种境界，浮躁之心自然会远离你。

有位年轻人想学禅，找到一位著名的禅师。禅师开导了他很长时间，年轻人还是找不到入门的路径。于是，禅师端起茶壶，朝年轻人面前的碗里倒茶。茶碗已经斟满，禅师还在不住地倒。年轻人终于忍不住提醒说：“师父，别倒了！茶杯已经装不下了。”

禅师这才停住手，慢悠悠地说：“是啊，装不下了。你也是这样，要想学到禅的奥妙，就必须把头脑腾出空间来，把充塞其中的幻象和杂念清除出去。”

听了此言，年轻人当下大悟。

能在一切环境中保持宁静心态的人，是有高度修养的人，也是能成就大事业的人。这种人能冷静地应对世间的千变万化，永远不迷失自己的方向。我们要努力培养自己的抗干扰能力，“任凭风浪起，稳坐钓鱼台”。这个“台”，就是宁静的心灵。

脚踏实地，用心做好每一件事

“一步登天”、“一夜成名”是大多数人的想法，但是，所有的成功都是需要付出努力才能得到的。所以，只有放弃投机取巧的心态，脚踏实地地努力奋斗，一步一个脚印地工作，用心做好每一件事，才会有出人头地的一天。

在这个大千世界上，凡事都有一定的发展规律，我们只有遵循大体，按其规律，才能一步步到达成功。抄近路，投机取巧，虽然也能成就一时，但从整个事物发展的规律来看，这种成就只是一时的，并不是真正的成功。

聪明人在这世上虽然为数不多，但是绝对愚笨的人也不多，一般都具有正常的能力与智慧，都是从同一起点开始，那为什么很多人都无法取得成功呢？那些不能取得成功的人，最大的原因就是因为他们太过于自作聪明了。他们习惯投机取巧，不愿意付出与成功相应的努力。他们只想尽快得到最后的结果，希望能够早日到达辉煌的巅峰，却不愿意经过艰难的道路；他们同样渴望取得胜利，但却不愿意做出牺牲。

小张是一家大公司的高级职员，平时工作积极主动，表现很好，待人也热情大方。但有一天，一个小小的动作却使他的形象在同事眼中一落千丈。当时是在会议室里，很多人都等着开会，其中一位同事发现地板有些脏，便主动拖起地来。而小张身体似乎有些不舒服，一直站在窗台边往楼下看。突然，他走过来，让同事把手中的拖把给他，其实那位同事本来差不多就拖完了，不需要他的帮忙，但小张却执意要求，同事只好把拖把给了他。刚过半分钟，总经理推门而入，小张正拿着拖把勤勤恳恳、一丝不苟地拖着地。一切似乎不言而喻了。从此，大家再看小张时，都觉得他很虚伪。说来也巧，总经理的小舅子当时也在场。于是，小张以后再也没被重用过。

小张因为耍“小聪明”而被老板“冷冻”了起来，他为他的“聪明”付出了高昂的代价。其实生活中还有很多像小张那样的人，他们养成了在工作中投机取巧的心态，认为只要老板在身边的时候表现出色就可以了，老板不在，又何必拼命呢？这种“聪明人”只能一时得利，他们的“聪明”迟早会害了自己。

陈洪在学校里是一个很活跃的人，朋友们都很看好他，不过，让朋友们吃惊的是，都毕业几年了，陈洪还是经常跑人才市场。而让朋友们大跌眼镜的是，上学时默默无闻的黄波，此时已经成为一家日化用品公司在华北地区的市场总监。

这是怎么回事呢？原来，离开学校后，陈洪应聘做了一家宾馆的大堂经理。由于爱耍些“小聪明”，刚开始他还挺受重用，但没过多久，他的那些“西洋镜”就被一一拆穿，老板马上就将他“冷冻”起来。无奈之下，陈洪只好卷铺盖走人。之后，陈洪进了一家中德合资企业，德国人严谨实干的作风当然也是陈洪不能忍受的。陈洪后来又在新加坡人、日本人、美国人的公司工作过，几年下来，陈洪的老板都可以组成一个“地球村”了，但陈洪还是在职场游荡。

黄波则不同，大学毕业后他就进了一家日化公司的销售部，之后，他勤奋工作，默默地积累工作经验。他对行业渠道的熟悉程度使上司很是赏识，对公司产品更是了然于胸。他的才干很快得到了上司的肯定，当公司华北地区市场总监的位子出现空缺后，公司总部就让他顶了上去。

他们的经历真像某位大学生所说的：“毕业以后，我们发现了彼此的不同，水底的鱼浮到了水面，水面的鱼沉到了水底。”

其实，在我们周围，不少人本身具有达到成功的才智，但每次他们都与成功失之交臂。他们总是不愿意踏踏实实地去做好自己的本职工作，总是期望很多，付出很少，内心里不屑于去做“一般的小事”，认为自己被大材小用。于是就开始耍小聪明，投机取巧，蒙混过关。但他们能蒙得过一次、两次，能总是混过去吗？一旦让别人察觉，就会留下极坏的印象，建立一个好印象需要长期的考察，坏印象却在一瞬间形成，而且很难改变，犹如一张白纸，整张白纸的白不如上面一个墨点的黑给你留下的印象深。即使别人这一次原谅了你，但是以后可能就不再信任你了，因为你的人格在他心目中已经打了一个折扣。

对于个人来说，成功必须靠一步一个脚印坚实地踏出来。我们有必要记住这样一句话：一分耕耘，一分收获。踏踏实实地工作才能成就自己的事业。

一句话感悟

这是一个浮躁的年代，说世界浮躁的人自己也浮躁着，说自己浮躁的人好像也不打算改变浮躁。因为让浮躁存在的理由遍地都是，唯独宁静找不到滋生的土壤。然而，浮躁只能带给你缥缈的人生，唯有忠实勤奋的付出，才能带给你实实在在的回报。

5. 自卑，没有正视自己的优势

扔掉自卑的病态

现实生活中每一个人都有自己的缺点，也有自己的优点。当发现了自己的缺点时，是把自己包裹起来，随时挂在心上，压得自己喘不过气来，还是悦纳自己的缺陷，不让缺陷带走自信，依然自信地生活工作呢？

自卑心理所造成的最大问题是不论你有多成功，不论你有多能干，你总是想证明自己是不是真的如此多才多艺。换句话说，许多人都倾向于为自己设定一个形象，而不肯承认真正的自我是什么。因为他们的想法总是倾向于自我认定的多。比如，如果你一直担心自己瘦不下来，每次在量腰围时你就会犯嘀咕，完全忘了你的身体正处在最佳的健康状态。

你总是把自己认为的劣势时时刻刻放在脑子里，提醒着自己的不足，并把这些不足和他人的优势相比较。因而，越比越觉得自己不如人，越比越觉得无地自容，从而忽略了自己的优势，挫伤了自信心。事实上，“金无足赤，人无完人”，在你眼中比较优越的人并不一定占绝对优势。相反，在别人的眼里可能你比他更优秀。

原本是一只丑小鸭的文清，害羞而默默无闻，因为没有自信，常常坐失一些良机。后来，她在生活和工作中慢慢认识到，要想很好地生存下去，就必须拿出自己的自信来，她特别相信美国诗人爱默生的那句话：“自信是成功的第一前提。”于是她开始学着与“自信”交谈，学着与“自信”一起同行。当她遇到挫折和不快时，“自信”会提醒她：你行的，因为它时刻都在陪伴着你。从此，自信伴随着她成长……自信也让她尝到了甜头。第一次在会议中发言时，她心跳得难以自持，想临阵脱逃。这时，领导给了她鼓励的目光：“别怕，你行!”顿时给了她千百倍的勇气。她成功地在会议中表达了自己的想法，并得到了领导的赞同。自信让她尝到了初次胜利的喜悦。

自信还把她从难堪中解救出来。一次五四青年演讲，文清不免紧张，演讲到一半时，突然忘了词，她停顿了片刻，想到了丘吉尔舌战群雄的雄辩。她全身立刻充满了力量，重新开始时，她感到了自信带给她的力量与勇气。

现在文清可以坚定地这样说，自信，是烦躁时的音乐，是空白中的色彩，是理想跑道上的润滑剂。只有和自信结伴同行，才会有动力、有资本为理想奋斗，与困难拼搏，走向成功与辉煌。如果没有自信心，哪怕再努力也只能面对失败。

是的，即使我们不那么完美，我们也不能放弃自信。每一件事物、每一个人都有其优势，都有其存在的价值。自卑是一种没有必要的自我堕落。一个人如果陷入了自卑的泥潭，他能找到一万个理由说自己为何不如别人。比如：我个矮、我长得黑、我眼睛小、我不苗条、我嘴大、我有口音、我汗毛太多、我父母没地位、我学历太低、我职务不高、我受过处分、我有病乃至我不会吃西餐，等等。因自卑而焦虑，于是注意力分散了，从而破坏了自己的成功，最终导致失败。失败—自卑—焦虑—分散注意力—失败，这就是自卑者自己制造的恶性循环。一个人如果陷入了自卑，在人际交往中除了封闭自己以外，还有可能会奴颜婢膝，低三下四。

没有谁不希望自己拥有完美的人生，但是，人生的残缺不能让你放弃整个世界，毕竟还有很多事值得你去珍惜，还有更重要的事需要你去开拓。

相信自己是最好的

你永远可以抱持“自己是最好的”态度，而不必显出任何羞愧、尴尬或压抑的样子。正如罗斯福夫人所说的：“没有你的同意，谁也不能让你觉得自己差人一等。”如果你能培养出一种自爱自重、敝帚自珍的态度，你就能将你的魅力传达给别人。

正如这段话所说：“我们每个人都携带着一面变形镜，只要一抬眼，便会看见自己个子太小或太大了，身体太胖或太瘦了，包括平常自认逍遥自在、无疮无疤的你也不例外。一旦你能将这面镜子粉碎，自我的完整、生命的喜悦便都成为可能。”

只要我们冷静想想就不难领悟，一个人的价值并不在于他的外表。然而，尽管我们尽量要把自我的价值和外表两件事情分开，偏偏又会不由自主地把自己和别人做比较，尤其是与电影和广告中那些有着完美无瑕的皮肤、诱人的身材及古典的五官的俊男美女比较。即使长得漂亮的人，也可能对自己的容貌缺乏自信心。

一位心理学家曾接待过这样一位病人，他是全世界知名度最高、薪金最高的男模特之一。这样一个男人却对别人投向他的眼光恐惧万分。他和女人约会时，常常感到自己很无趣，很紧张，就因为他脸上有个小得难以觉察的疤痕。尽管他得到过那么多赞美的眼光，他还是惶恐不安，认定别人会因为这个疤而给他不好的评价。

就像许多把自我价值建立在外表上的人一样，这个模特所受的罪就是被定名为“漂亮家伙的病”——害怕自己外表上的微小缺点或瑕疵会使别人对他大失所望。照镜子的时候，他忍不住要盯住自己这个细微的缺点，而且无论怎么努力也无法挥去恐惧，唯恐自己遭受恶评。只要我们一直持有先入为主的成见，不能接受自己身体某些部分的缺陷，即使我们和世俗标准下所谓美丽的典型再接近，我们还是会对自己感到不满意。

事实是，你周身散发出的种种气息的重要性，远甚于你实际的面貌特征。如果你鄙视自己，无形中也会发出信息告诉别人：“别来注意我”或“我不化妆简直不能看”。这种自我批评会促使他人跟着低估你的魅力。

其实，我们也可以把这种回馈用来加强对自己的欣赏与肯定。如果你表现出自己是个充满活力与吸引力的人，人们也会这样看待你。如果你的仪态、眼神、衣着、面部表情与为人态度，时时反映出自信与自我肯定，别人自然会对你产生信任与好感。

伊笛丝·阿雷德从小就特别敏感而腼腆，她的身体一直太胖，而她的一张脸使她看起来比实际还胖得多。伊笛丝有一个很古板的母亲，她认为把衣服弄得漂亮是一件很愚蠢的事情。她总是对伊笛丝说：“宽衣好穿，窄衣易破。”而母亲总是照这句话来帮伊笛丝穿衣服。所以，伊笛丝从来不和其他的孩子一起做室外活动，甚至不上体育课。她非常害羞，觉得自己和其他的人都“不一样”，完全不讨人喜欢。

长大之后，伊笛丝嫁给了一个比她大好几岁的男人，可是她并没有什么改变。她丈夫一家人都很好，也充满了自信。伊笛丝尽最大的努力要像他们一样，可是她做不到。他们为了使伊笛丝开朗起来而做的每一件事情，都只是令她更退缩到她的壳里去。伊笛丝变得紧张不安，躲开了所有的朋友，情形坏到她甚至害怕听到门铃响。伊笛丝知道自己是一个失败者，又担心丈夫会发现这一点，所以每次他们出现在公共场合的时候，她都假装很开心，结果常常做得太过分。事后，伊笛丝会为此难过好几天。最后不开心到使她觉得再活下去也没有什么意义了，伊笛丝开始想自杀。

后来，是什么改变了这个不快乐的女人的生活呢？只是一句随口说出的话。这句话改变了伊笛丝的整个生活，使她完全变成了另外一个人。

有一天，她的婆婆正在谈她怎么教养她的几个孩子，她说："不管事情怎么样，你只会要求他们保持本色。"

"保持本色！"就是这句话！在一刹那之间，伊笛丝才发现自己之所以那么苦恼，就是因为她一直在试着让自己适合一个并不适合自己的模式。

伊笛丝后来回忆道：在一夜之间她整个改变了。她开始保持本色。她试着研究自己的个性、优点，尽己所能去学习色彩和服饰知识，尽量以适合自己的方式去穿衣服。她参加了一个社团组织——起先是一个很小的社团——他们让她参加活动，使她吓坏了。可是她每发言一次，就增加了一点勇气。今天她所有的快乐，是她从来没有想到可能得到的。在教养自己的孩子时，她也总是把她从痛苦的经验中所学到的结果教给他们："不管事情怎么样，只要保持本色。"

我们都见过一些身体特别高、特别矮，或者特别胖的人，你可能注意过他们之中有些人的态度是那么从容自得，充满自信，使人们深受吸引，根本没想到将他们和一般社会上的标准作比较。有些秃发的男性丝毫不因为那片光溜溜的头顶而减损他们的自信。有些人会让自己的鹰鼻变成绝佳的本钱，而不是令自己羞愧不安的罪魁祸首。或许美丑与否在于观赏者的两眼，但是让别人如何评判你的仪表的关键却是你自己。

只看你有的，不看你所没有的

生活有时候就像是一个变幻多端的“淘气鬼”，每个人都免不了遭受它的捉弄。不幸有时会毫不客气地找上门来。此刻，你该以何种心态对待它呢？

她站在台上，不时不规律地挥舞着她的双手；仰着头，脖子伸得好长好长，与她尖尖的下巴扯成一条直线；她的嘴张着，眼睛眯成一条线，诡谲地看着台下的学生；偶尔她口中也会咿咿唔唔的，不知在说些什么。基本上她是一个不会说话的人，但是，她的听力很好，只要对方猜中，或说出她的意见，她就会乐得大叫一声，伸出右手，用两个指头指着你，或者拍着手，歪歪斜斜地向你走来，送给你一张用她的画制作的明信片。

她就是黄美廉，一位自小就患脑瘫的病人。脑瘫夺去了她肢体的平衡感，也夺走了她发声讲话的能力。从小她就活在诸多肢体不便及众多异样的眼光中，她的成长充满了血泪。然而，她没有让这些外在的痛苦击败她内在奋斗的精神，她昂首面对，迎向一切的不可能，终于获得了加州大学艺术博士学位。她把她的手当画笔，以色彩告诉人们“寰宇之力与美”，并且灿烂地“活出生命的色彩”。全场的学生都被她不能控制自如的肢体动作震慑住了，这是一场倾倒生命、与生命相遇的演讲会。

“请问黄博士，”一个学生小声地问，“你从小就长成这个样子，请问你怎么看你自己？你没有怨恨过吗？”大家的心一紧，这孩子真是太不成熟了，怎么可以在大庭广众之下问这个问题，太伤人了。

“我怎么看自己？”黄美廉用粉笔在黑板上重重地写下这几个字。她写字时用力极猛，有力透纸背的气势。写完这个问题，她停下笔来，歪着头，回头看着发问的同学，然后嫣然一笑，回过头来，在黑板上龙飞凤舞地写了起来：

一、我好可爱！

二、我的腿很长很美！

三、爸爸妈妈这么爱我！

四、上帝这么爱我！

五、我会画画！我会写稿！

六、我有只可爱的猫！

七、还有……

教室里鸦雀无声，没有一个人讲话。她回过头来看着大家，再回过头去，在黑板上写下了她的结论：“我只看我所有的，不看我所没有的。”

掌声在学生群中响起，黄美廉倾斜着身子站在台上，满足的笑容从她的嘴角荡漾开来，她的眼睛眯得更小了，有一种永远也不被击败的傲然写在她的脸上。

我们这么多年来每天生活在一个美丽的童话王国里，可是我们却看不见生活的美丽，常常怨天尤人，时常感到失落。若想得到快乐，请你记住：“只看我所有的，不看我所没有的。”

一句话感悟

也许你太胖了，也许你长得不好看，也许你的嗓音像唐老鸭……那么，你的优势就是你不会被自己表面的、浅薄的亮点所耽误。少花一些时间，少走一些弯路，直接发现你内在的优势，直接挖掘你最深层的潜能。不是人人都可成为伟人，但每个人都可成为内心强大的人。

---

6. 嫉妒，就是一把双刃剑

心怀嫉妒的人总是心情不好

有人问亚里士多德：为什么心怀嫉妒的人总是心情不好？亚里士多德回答："因为折磨他的不仅是他自身所受的挫折，还有别人的成就。"

三年前，宋军以优异的成绩考取了某名牌大学的计算机专业，这让他从此有了出人头地的机会。他为人热情大方、乐于助人，因此，同学和老师都十分喜欢他。

可他并没有就这样积极地与人相处下去，在与同学的交往中，他产生了严重的不平衡心理。只要别的同学哪方面比他强，他就眼红；只要老师在同学面前表扬别的同学，他心里就酸溜溜的；他总是抱怨自己生在一个并不富裕的家庭，看到别的同学锦衣玉食就极不平衡；别的同学得了奖学金或被评为"三好学生"，他就嫉妒得夜里辗转反侧无法安睡，还时常埋怨上天的不公。

最让他看不惯的是与他来自同一所高中的老乡同学。原本两个人在高中时各方面都不相上下，上大学后，老乡的成绩越来越好，而且被选为班干部，他就更加妒火中烧了。为此，给那位老乡散布流言蜚语，造谣中伤，成了他取代认真读书的头等大事。在一次选举班干部时，他为了把老乡比下去，竟然不知羞耻地在下面搞小动作——拉选票，结果他的阴谋被同学们识破，唱票时只有他自己投了自己一票，弄得十分狼狈，同学们也越来越讨厌他。

但他并没有就此收敛，已经被嫉妒冲昏了头脑的他，一计不成又生一计。在期末考试时，他知道凭自己的水平是拿不了高分的，于是，他就采用夹带纸条的方式作弊。在最开始的两门考试中，他的计谋得逞了。正当他自鸣得意，觉得胜利在望时，却在第三门考试中被监考老师抓个正着。老师说："我早就注意你了，以为你会有所收敛，没想到你一而再再而三地作弊。我再也不能容忍你的作弊行为了。"宋军痛哭流涕地求监考老师手下留情，可学校的制度是无情的。当天，学校教务处就作出了开除其学籍的处分决定。

宋军的大学梦就这样被自己毁灭了。造成这个悲惨结局的罪魁祸首是谁呢？不言而喻，那便是嫉妒。

在现实生活中，嫉妒是一种极端消极和狭隘的病态心理，是人际交往中的一种心理障碍，它能使人变得卑下、猥琐，甚至故意伤害他人。嫉妒会使人怨天尤人，失去理智，让人不再懂得公正待人。它会限制人的交往范围，压抑人的交往热情，甚至能反友为敌。

塞万提斯曾经说过："嫉妒者总是用望远镜观察一切。在望远镜中，小物体变大，矮子变成巨人，疑点变成事实。"嫉妒会使人怀着仇恨的心理和愤怒的眼光去估量他人的成功，而嫉妒者本人也在这种危险的情绪中受到极大的心理伤害。在中国古代，庞涓嫉妒孙膑、李斯嫉妒韩非子、潘仁美嫉妒杨令公等，都是害人又害己。由此可见，嫉妒别人的人也过不了好日子！

把嫉妒转化为力量

生活中，有些人特喜欢嫉妒别人，总是拿别人的优点来折磨自己。别人年轻他嫉妒，别人长相好他嫉妒，别人身材高他嫉妒，别人风度潇洒他嫉妒，别人有才学他嫉妒，别人富有他嫉妒，别人的妻子漂亮他嫉妒，别人学历高他嫉妒……这种人由于看不得别人比他好、比他优秀、比他完美，所以，遇见比自己好的人，他就会用恶毒的语言诽谤别人，甚至无中生有，搬弄是非。

几年前，北京市海淀区法院曾经判过这样一个案子。

某名牌大学心理学系的一位女研究生，将同宿舍的一个同学推上了被告席。原告与被告以前关系不错，堪称该系的一对姊妹花；同时两人的成绩不相上下，两人又在暗中较劲。到第三年的时候，两人都参加了托福和 GRE 考试。原告成绩较理想，遂向美国一所著名大学提出申请，不久被告知每年可获得近两万美元的奖学金。原告高兴万分，等着校方的正式录取通知。被告考砸了，看到原告整天兴高采烈的模样，心中更加不快。她越想越有气，就生出了一条毒计。

原告左等右等，迟迟不见正式通知的光临，就托在美国的同学去该校打听，校方说曾经收到她发来的一份 E－mail 表示拒绝来该校，因此校方只好将名额转给别人。原告闻此消息，如五雷轰顶，冥思苦想这到底是怎么回事。后来，她多方调查，才发现是被告盗用了她的名义，在心理系的机房发了一封拒绝函。原告怀着愤怒的心情，将此事诉诸法庭。

在这个故事中，我们会发现，嫉妒是一把双刃剑，既伤害了自己，又伤害了别人。当好运降临到别人头上，你本该替她高兴，但是你没有。你的好朋友在抽奖中获得两张去夏威夷的往返机票，当然，你假装很为她高兴；或者当看到一个刚刚订婚的朋友手指上戴着她富有的未婚夫买给她的 3 克拉大钻石时，你表现出惊讶和赞叹。实际上你却心如刀绞，对他们的幸运嫉妒不已。

嫉妒的感觉可以这样逼真地描述：如果一个朋友获得成功，你身上的某一小部分就死去了。这就是声名狼藉的“自恋情结”，听到他们的好消息，你的第一反应是惊讶和愤恨，“为什么不是我?”如果当时就照镜子，你会看到你嫉妒时的表情是咬牙切齿，呼吸困难，笑容僵硬。更糟的是，你会因此失去一切好心情，因为“嫉妒”是一种非常痛苦的情绪。那么，该如何熄灭妒火呢？请看美国的一位拳击手所讲的故事：

我深深记着刚开始在埃德·帕克的武馆里训练时的情景。有一次，我正在练习拳击，对手的技术要好些，为了弥补我技术和经验的不足，我试图使诈，想轻易得分。但我还是被远远地超过了，对抗结束后，我很沮丧。武馆教练帕克把我请到了他的办公室，问我："你为什么不高兴?"

"因为我得不了分。"

帕克从桌子后面站起来，拿了一支粉笔，在地上画了一条长5英尺的线。"你看怎么才能把这条线弄短?"他问道。

我端详了一阵后，给了他几个答案，说把线截成好几段。他摇摇头，又画一条线，长过第一条，"现在你再看原来那条线怎么样了?"

"短了。"我说。

帕克点点头说："提高、增长你自己的线，总比切断对手的线要强。"

就像哲人所说的那样：美德犹如耳鸣。真的，有一种声响，自己听到就足够了。如果别人得到了一团叫做"不遗憾"的火，就请你微笑着将自己手中那一块叫"遗憾"的冰递过去，冰融的时候，你的心注定会转暖。自己不曾拥有，就快乐地欣赏别人的拥有，不让日子沦于暗淡，不让心绪陷于颓丧，这是需要我们一生的努力的。

要摆脱嫉妒，作为生活在现代文明中的人就得像你已经扩展了大脑一样，扩展自己的胸怀，并且学会超越自我，在超越自我的过程中，学会让灵魂安宁的妙招!

一句话感悟

嫉妒者总是用望远镜观察一切。在望远镜中，小物体变大，矮子变成巨人，疑点变成事实。凡缺乏才能和心胸狭窄的人，最易产生嫉妒。因为自己技不如人，只能用嫉妒的心理去排解内心的不平。所以，好嫉妒的人总是40岁的脸上就写满50岁的沧桑。

7. 狭隘，宽恕别人也是解放自己

原谅曾经伤害过我们的人

在我们的一生中，快乐和痛苦经常交替出现。当痛苦袭来时，试着把悲痛与怨恨抛到身后，乐观地向前，不是为别人，而是为自己。因为人的心就像一所监狱，如果深陷其中无法自拔，成为了自己的囚徒，这才是最大的痛苦。宽恕别人，就是最大限度地爱自己。

"一只脚踩扁了紫罗兰，它却把香留在那脚跟上，这就是宽恕。"原来，有关宽恕的诠释可以这样优美而令人感动。

所谓宽容，就是不计较，事情已经过去了就算了。每个人都会犯错误，你也是一样，如果执著于别人过去所犯的错误，就会形成思想包袱，开始对人不信任，对事情耿耿于怀，什么都放不开，这样的情绪不仅伤害你自己，同时也伤害了对方。或许对方已经想对你表示歉意，可是你的"坚持"只会让双方两败俱伤。

1998 年 8 月的一天，当希拉里的丈夫、美国总统克林顿向她承认自己和莱温斯基有过不正当关系时，她愤怒的像头狮子，冲着他大吼大叫。回忆当时的心情，希拉里在回忆录中这样写到：如果仅作为他的妻子，我真恨不得扭断他的脖子，但他不只是我丈夫，他同时也是美国的总统。无论如何，他领导美国体现出的风范依然让我敬佩。

希拉里最终宽恕了自己的丈夫，她以常人难以想象的毅力控制住自己的情绪，利用工作、假期旅游、向朋友倾诉、阅读和散步等方式抚平内心的伤痛，化解难言的愤怒，重新拾起生活的信心，投入到自己所热爱的事业中去：

有一位好莱坞女演员，失恋后，怨恨和报复心使她的面孔变得僵硬而多皱，她去找一位最有名的化妆师为她美容。这位化妆师深知她的心理状态，中肯地告诉她："如果你不消除心中的怨恨，我敢说全世界任何美容师也无法美化你的容貌。"

在怨恨中，没有人是赢家。长期将怒气闷在胸中燃烧，只会灼伤自己。对别人的过错耿耿于怀，只能毒害自己的灵魂。

证严法师曾经说过一句话：原谅曾经伤害过你的人，也要做一个不轻易被伤害的人。很多时候，我们要给自己的生命留下一点儿空隙，就像两车之间的安全距离，一点儿缓冲的余地，可以随时调整自己，进退有据。打桥牌时要把我们手中所握有的这副牌，不论好坏，都要把它打到淋漓尽致；人生亦然，重要的不是发生了什么事，而是我们处理它的方法和态度，假如我们转身面向阳光，就不可能陷身于阴影里。我们把花送给别人时，首先闻到花香的是我们自己；我们抓起泥巴想抛向别人时，首先弄脏的也是我们自己的手。一句温暖的话，就像往别人的身上洒香水，自己也会沾上两三滴。

所以，当别人伤害你的时候，或者可以尝试换个情绪，不要对造成这件事的人愤怒，也不要对错了的事愤怒，而是用宽容之心去遗忘这件事。如果你一直沉浸在对别人的愤怒中，整天想着得罪了自己的人，必定会影响到自己的情绪，甚至影响自己的健康。如果对事情愤怒，你可以对自己说，事情已经发生过了，就忘了，让它过去。任何想法都有其缘由，任何事情都也有其根源，当你能够设身处地理解对方的想法，那么即使原本再难接受的事情，或许都能解决得了，因为那时候你就能用一种包容的心去看待人或事了。

当你试着按以上说的去做，你就可以掌握什么是宽容，并学会宽容，使你少一些愤怒，心境平和。

忘记过去，快乐才会回来

有时，人生并不是我们所想象的那样充满诗情画意，那么快乐自在。人生中难免会有痛苦与忧伤，如果将这些东西都存储在我们的记忆之中，人生会越来越沉重，越来越悲伤。

当你回忆往事，你会发现，一生中美好快乐的体验往往只是一瞬间而已，占据很小的一部分，而大部分时间则伴随着失望、忧郁和不满足。这个时候，聪明地学会遗忘是一件非常幸福的事情。

有些人对别人给予的好处视而不见，对他的不利却耿耿于怀。殊不知，记住别人对我们的恩惠，洗去我们对别人的怨恨，在人生的旅程中才能自由翱翔。

二战期间，一支部队在森林中与敌军相遇发生激战，最后 2 名战士与部队失去了联系。他们之所以在激战中还能互相照顾、彼此不分，是因为他们是来自同一个小镇的战友。两人在森林中艰难跋涉，互相鼓励、安慰。10 多天过去了，他们仍未与部队联系上，幸运的是，他们打死了一只鹿，依靠鹿肉又可以艰难度过几日了。但也许因战争的缘故，动物四散奔逃或被杀光，这以后他们再也没看到任何动物。仅剩下的一些鹿肉，背在年轻战士的身上。这一天他们在森林中遇到了敌人，经过再一次激战，两人巧妙地避开了敌人。就在他们自以为已安全时，突然一声枪响，走在前面的年轻战士中了一枪，幸亏是打在肩膀上。后面的战友惶恐地跑了过来，他害怕得语无伦次，抱起战友的身体泪流不止，赶忙把自己的衬衣撕下包扎战友的伤口。

晚上，未受伤的战士一直叨念着母亲，两眼直勾勾的。他们都以为他们的生命即将结束，身边的鹿肉谁也没动。天知道他们怎么过的那一夜。第二天，部队救出了他们。

事隔30年，那位受伤的战士安德森说：“我知道谁开的那一枪，他就是我的战友。他去年去世了。在他抱住我时，我碰到了他发热的枪管，但当晚我就宽恕了他。我知道他想独吞我身上带着的鹿肉活下去，但我也知道他活下来是为了他的母亲。此后30年，我装着根本不知道此事，也从不提及。战争太残酷了，他母亲还是没有等到他回来，我和他一起祭奠了老人家。他跪下来，请求我原谅他，我没让他说下去。我们又做了二十几年的朋友，我没有理由不宽恕他。”

懂得忘记仇恨的人，他的人生就像一条缓缓流动的河流，充实而自信。忘记意味着不屈卑，挺直腰板对待面前高高在上的人；忘记也意味着不倨傲，平平和和善待弱小。即使地位卑微照样可以活得坦坦荡荡，即使身在高处也不必独自舔尝孤寂之苦。

学会宽恕，才能享受终生的爱

生活中，要想彻底敞开彼此的心扉，要想享受终生的爱，有一个重要的技巧，那就是宽恕。真正的宽恕要承认错误已经发生，然后再肯定犯错误的人仍然值得被人尊重、被人所爱。它并不意味着宽恕或赞同那种错误的行为。

在婚姻关系中，如果我们不能做到宽恕，那么爱恋之情在婚姻存续期间就会受到程度不同的限制。我们可以仍然去爱自己的伴侣，但那爱将不那么炽烈了。如果夫妻双方只有一个人的心理产生阻塞，那么它对夫妻关系的影响会小得多。宽恕的意义就在于摆脱对婚姻关系的伤害。宽恕可以使我们重燃爱恋之火，使我们坦诚地付出并接受彼此的爱。闭锁的心灵是无法付出爱也无法接受爱的。

你对某人爱之愈深，当你不原谅他时，你承受的痛也就愈大。许多人由于不能原谅自己的爱人，那种痛苦的折磨甚至会使他们自杀。我们所能感受到的痛苦中，最大者莫过于不能去爱我们所爱的人。这种痛苦的折磨会使人发疯，使人丧失理智并采取暴力行为。正是这种欲爱不能的痛苦，使许多人一步步走向了堕落、颓废和暴戾。

我们陷于痛苦和怨恨中不能自拔，其原因不在于不能去爱，而在于不能去宽恕别人。如果我们没有爱恋之心，那么不再爱不会让一个人感觉到丝毫痛苦。爱恋之心愈深，不能宽恕恋人所带来的痛苦也愈重。

沈殿霞当年是红透香港的金牌司仪，与名不见经传且饱受生活打击的郑少秋一见如故，她不顾舆论压力，全力扶持郑少秋的事业并安慰他的情感，在与他同居 9 年后毅然同他登记结婚且不惜冒着生命危险为他怀孕生女，然而他们的女儿来到人世还不到 2 个月，郑少秋却移情别恋。10 年情感一朝云散，最终以沈殿霞遭到沉重打击而宣告结束。

多年以后，沈殿霞在 TVB 主持的谈话节目《掌场背后》开播，第一期节目的第一位嘉宾竟然是郑少秋。二人相对而坐，待节目结束时，沈殿霞突然很意外地问郑少秋：有个问题好久前就想问你了，今天借这个机会问你一下，你只需回答 Yes 或是 No 就行，这个问题就是究竟在多年以前，你有没有真心地爱过我？郑少秋听后，几乎只是稍加思索，便坚定而认真地回答：我真的好爱你！此言一出，沈殿霞立刻泪流满面，随即那幸福的笑容便荡漾在她那迷人的脸上，仿佛历经多年的苦难和恩怨都在“我真的好爱你”这 6 个字中烟消云散了。

是啊，宽恕伤害自己的人是困难的，但能做到这一点的人却是高贵的。肥姐以女性不多见的博大胸怀宽恕了曾伤害过她的人，也为自己创造了一个融洽的人际环境，她这种化诅咒为祝福的智慧确实令人惊叹。所以说，宽容是意味着一个人的自爱达到了能够使自己做到诚实、开朗，在生活中保持乐于进取的程度，那宽容就是善意的理解和理解之后的爱和关怀；所以说，宽容的伟大在于发自内心，真正的宽容总是真诚的、自然的；宽容是一种充满智慧的处世之道，吃亏是福，误解、谩骂、忘恩负义，都不去计较，这种吃亏其实是一种宽容的智慧，以一种博大的胸怀和真诚的态度宽容别人，就等于送给了自己一份神奇的礼物；宽容别人带来的愉快本身是至高无上的，它使我们认识到自己值得受到的宽容，也使我们认识到没有宽容之心的人是有缺陷和危险的。

你要永远记住，如果你无法宽恕，唯一痛苦的人只会是你自己，因为怨恨和气愤是附着在你身上的，宽恕让你从痛苦中获得解放。所以如果你想要快乐，宽恕是必经之路。如果你的心里充满了恨，如何还有空间再容得下爱和快乐呢？宽恕能让你的心灵获得自由，并容许爱和快乐进驻内心深处。就像有两张椅子，一张是爱和快乐，另一张是气愤，你无法同时坐在两张椅子上。你只有在释放了批判和愤恨之后，才有可能体会快乐和欢愉。

一句话感悟

生活中，有的人以为“我不原谅你”，就把犯错误的人给惩罚了。事实恰恰相反，这样的想法与做法只会给自己平添烦恼罢了。我们只有改变心态，宽容地看待人生和体谅他人时，才能获得宁静与淡泊，生活在欢乐与友爱之中。

---

8. 宠辱，荣辱不惊真君子

宠辱不惊，泰然处世

“宠辱不惊，看庭前花开花落；去留无意，望天上云卷云舒。”这仅有的22个字，创造的是一种悠远美妙的意境，道出的却是处世时难得的开阔心境。人生本就有荣辱相随，悲欢离合亦在所难免。倘若处处留心，时时在意，那岂不是要与黛玉同命？因此，虽为红尘人，却须让自己有一份超凡心、糊涂心，让一切顺其自然，宠辱不惊，去留无意。

所以，当你凭自己的真才实干获得荣誉、奖赏、爱戴、夸耀时，仍然应保持清醒的头脑，有自知之明，切莫受宠若惊，飘飘然，自觉豪光万丈，“给点阳光就觉得灿烂”。

宠辱不惊，当如阮籍所云“布衣可终身，宠禄岂可赖”。一切都不过是过眼烟云，荣誉终究会成为过去，不值得夸耀，更不足以留恋。有一种人，虽然肯于辛勤耕耘，但却经不住玫瑰花的诱惑，有了点荣誉、地位就沾沾自喜，飘飘欲仙，甚至以此为资本，争这要那，不能自持。更有些人“一人得道，鸡犬升天”，居官自傲，横行乡里，这种人因将宠禄看得太重，所以必会在受辱时难以重新振作，唯有那些宠辱不惊者才可泰然久处于世。

日本有一位白隐禅师，他的故事在世界各地广为流传。故事讲的是：有一对夫妇在住处的附近开了一家食品店，家里有一个漂亮的女儿。无意间，夫妇俩发现女儿的肚子无缘无故大了起来，女儿做了这种见不得人的事，让父母异常震怒，在他们的一再逼问下，她终于吞吞吐吐地说出“白隐”两个字。

她的父母怒不可遏地去找白隐理论，但这位大师对此不置可否，只若无其事地答道：“就是这样吗?”孩子生下来就被送给白隐。此时，他虽已名誉扫地，但并不以为意，只是非常细心地照顾孩子——他向邻居乞求婴儿所需的奶水和其他用品，虽不免横遭白眼，冷嘲热讽，但他总是能处之泰然，仿佛他是受托抚育别人的孩子一样。

事隔一年之后，这位未婚的妈妈终于不忍心再欺瞒下去了。她老老实实地向父母吐露真情：孩子的生父是一个卖鱼的青年。她的父母立即让她到白隐那里道歉，请求原谅，并将孩子带回。白隐仍然是淡然如水，只是在交回孩子的时候，轻声说道：“就是这样吗?”仿佛不曾有什么事发生过；即使有，也只像微风吹过耳畔，瞬时即逝。

白隐为了给邻居的女儿以生存的机会和空间，代人受过，牺牲了为自己洗刷清白的机会。虽然受到人们的冷嘲热讽，但是他始终处之泰然，“就是这样吗?”这平平淡淡的一句话，就是对“宠辱不惊”最好的解释，如果白隐当初不能糊涂地对待受辱，事情的结果就可能成为另一种样子。

人生无坦途，在漫长的道路上，谁都难免要遇上厄运和不幸。人类科学史上的巨人爱因斯坦，在报考瑞士联邦工艺学校时，竟因3科不及格而落榜，被人耻笑为“低能儿”。小泽征尔这位被誉为“东方卡拉扬”的日本著名指挥家，在初出茅庐的一次指挥演出中，曾被中途“轰”下场，紧接着又被解聘。为什么厄运没有摧垮他们?因为他们始终把荣辱看做是人生的轨迹、人生的磨炼，假如他们对当时的厄运和耻笑不能泰然处之，也许就没有日后绚丽多彩的人生。

19世纪中叶美国有个叫做菲尔德的实业家，他率领工程人员，要用海底电缆把欧美两个大陆连接起来。为此，他成为美国当时最受世人尊敬的人，被誉为是“两个世界的统一者”。在盛大的海底电缆接通典礼上，刚被接通的电缆传送信号突然中断，人们的欢呼声立刻变为愤怒的骂声狂涛，都骂他是“骗子”、“白痴”。可是，菲尔德对于这些毁誉只是淡淡地一笑，不作解释，只管埋头苦干，经过多年的努力，最终通过海底电缆架起了欧美大陆之桥，在庆典会上他没有登上贵宾台，只远远地站在人群中观看。

菲尔德不仅是“两个世界的统一者”，而且是一个理性的战胜者，当他遭遇到常人难以忍受的厄运时，通过自我心理调节，以糊涂的处世心态、客观理性的分析为基础，作出正确的抉择，从而在实际行为中显示出强烈的意志力和自持力，这就是糊涂做人的至高境界。

人的一生，犹如簇簇繁花，既有火红耀眼之时，也有黯淡萧条之日，面对成功或荣誉，要像菲尔德那样，不要狂喜，也不要盛气凌人，而是要把功名利禄看得轻些，看得淡些；面对挫折或失败，要像爱因斯坦、小泽征尔那样，不要忧悲，也不要自暴自弃，而是要把厄运羞辱看得远些，看得开些。这样就不会像《儒林外史》里的范进，虽中了举却惹出了祸端。

做人有时必须糊涂一点儿，这种糊涂不仅仅是在受辱时要糊涂一点儿，同时在受宠时也该糊涂一点儿。因为宠辱总有尽时，看得太重反而会成为一种负累。

忍一时之辱，奋勇前行

智灵禅师的师父是茶陵裕山主。一次，师父偶然诗兴大发，作了一首诗：“我有神珠一颗，久被巨劳羁锁。今朝尘尽光生，照见山河万朵。”智灵很喜欢这首诗，就牢牢地背了下来。

一天，他去拜访方会禅师，方会问他：“听说你师父作了一首好诗，你能背来听听吗?”

智灵很是得意，因为记得牢，所以他非常流畅地背了下来。等他背完了，方会大笑一阵，就转身出去了。智灵很是不解，他回来后苦苦思索了一个晚上，也没有想出个所以然来。

于是，第二天一大早，他又来到方会的禅房，问他昨天为何大笑不止。

方会反而问他：“你有见到昨天那个驱邪演出的小丑了么?”

“见了。”智灵回答。

“可是你连他都比不上啊!”

智灵一听吓了一跳，问道：“您这是什么意思?”

方会说：“他们喜欢人家笑，你却怕人家笑。”

智灵听后，恍然大悟。

小丑的表演很滑稽，可是他们不害怕自己出丑，因为他们本身就是靠出丑取乐的，因此，他们的出丑不但没有受到人们的鄙视，反而给人们带来了快乐，得到了人们的认可。而我们却不能接受别人的嘲笑，哪怕是一次，可越是不能接受，就越会受到别人的挑剔和攻击。如果你不能忍一时之痛，你的痛苦将会是长久的。因为你总是拒绝别人的嘲笑，并且因为害怕嘲笑而对自己的过失加以掩饰，可是一个人不可能保证自己不犯错。

面对工作中的失误，面对同事的嘲笑，你会抱何态度呢？无一例外的，你会感到尴尬，然后在以后的工作中更加小心翼翼。然而，一个时刻担心自己犯错的人，是最容易犯错的，因为他的主要精力不是集中在处理好工作上，而是集中在如何避免犯错上，那么很自然的，没有全力投入的工作就很可能犯错。

也许解嘲还远远不够，有时候一件事情给我们的感觉甚至是屈辱。屈辱可以成为泯灭一个人理想之火的冰水，也可以成为鞭策一个人发奋成功的动力。学会把你的屈辱变成一根鞭子，鞭策你鼓足勇气，奋勇前行。

韩信是为刘邦打天下立下汗马功劳的一位将军。在他还很年轻，还没有练成剑法的时候，一天，一个无赖拦住了他，非要和他决斗，不然的话就要韩信从他的胯下钻过去。这对一个武士而言是莫大的耻辱，然而韩信是个胸怀大志的人，他觉得与一个市井无赖拼命而使自己的事业发生变故是一件不值得的事。于是他不顾人们的嘲笑，从无赖的胯下钻了过去，然后大踏步地走了。正是因为拥有这种忍一时之辱的勇气，才使他成就了自己的千秋大业。

一位哲人说过，任何学习，都不如一个人在受到屈辱时学得迅速、深刻、持久，因为它能使人更深入地接触实际，了解社会，使个人得到提升锻炼的机会，从而为自己铺就一条成功之路。

所以，面对屈辱，我们要抱着一种积极的态度，在受到打击和嘲笑时，不是愤恨难消，而是借着打击来锻炼自己的心性和品格。同时感谢打击你的人，谢谢他们给了你锻炼自己、提升自己的机会。

一句话感悟

三国时期思想家阮籍说过："布衣可终身，宠禄岂可赖。"一切名利得失都只不过是过眼烟云。时刻保持一颗归零的心态，做到平淡看待得失，冷眼看尽繁华；畅达时不张狂，挫折时不消沉。

---

9. 贪婪，人心不足蛇吞象

过度贪婪，注定自食其果

一头死去的大象静静地躺在幽僻的恒河边，正巧被一只出来觅食的野狗看见了。野狗高兴地想："我今天运气真好，可以饱餐一顿了。"

它快步来到大象身边，用力朝着象鼻咬了一口，但是象鼻硬得像根木头，野狗生气地破口大骂："这是什么鬼玩意儿，居然咬不动。"

于是，它回头去咬象耳，没想到还是咬不动，转到大象的腹部仍然咬不动，它东咬一口，西咬一口，大象的全身几乎都咬遍了，仍然没有一个可以下口的部位。

它哀怨地说："怎么办，我快饿死了，怎么没有一个地方咬得动呢？这个怪物太讨厌了。"

最后，它找到了大象的屁股，再次用力一咬，这回居然咬动了，而且咀嚼起来就像刚刚活捉的小羊的肉，既松软又可口。

野狗开心地自言自语："这才像样，看来大象身上最柔软可口的地方，只有这里了。"

这只贪吃的野狗，从大象的屁股开始，不断地往里头钻食。

它从屁股吃到了象肚，当它吃完大象的内脏，喝了几口象血之后，便舒服地躺在象肚里睡觉。它醒来时，心想：照理说该出去了，可是这么大的一头象我怎么能放弃呢？不如就待在里面吧。这样整头大象都是我的了。

就这样，野狗在象肚里舒舒服服地住了下来。可是它没料到，在烈日的照射下，大象的尸体开始紧缩，特别是送入空气的肛门处，已经越缩越小。

终于有一天，当野狗醒来时，象肚里居然一片漆黑。其实在这之前，象肚里的肉质早就变硬，象血也早已枯竭了，但是已经安逸于象肚里的野狗一点也不介意，直到伸手不见五指时，它才意识到大事不妙了。

野狗发现出口不见了，它感到万分惊恐，不停地在象肚里东突西窜，又撞又踢，只是不管它怎么撞，就是撞不出一个逃出的小门。最后，它无力地倒下了。

若干年后，有人发现了一副大象的骨骼，并在其腹部发现了另一个动物的骨骼。令人们百思不得其解的是，这只动物的骨骼是被大象的骨骼包围着。难道这头大象变成了食肉动物？它又怎么能够完整地吞进一只动物呢？

就在人们对此作出种种猜测的时候，一位路过的智者向人们讲述了上面这个故事。

生活中，有很多人就像故事里的野狗那样，无法控制自己的贪念，以致落入了陷阱。他们因为贪得无厌的习惯而堕落，为了满足自己的贪欲铤而走险，最终做出让自己后悔不已的事。

这实在是可悲的事。人生在世难免会面临很多诱惑，这时我们一定要保持清醒的头脑，学会有选择的舍弃。如果过于贪心，梦想着鱼和熊掌可以兼得，最终的结果可能是失去现有的一切。

有一个小孩，大家都说他傻，因为如果有人同时给他 5 毛和 1 元的硬币，他总是选择 5 毛，而不要 1 元。有个人不相信，就拿出两个硬币，一个 1 元，一个 5 毛，叫那个小孩任选其中一个，结果那个小孩真的挑了 5 毛的硬币。那个人觉得非常奇怪，便问那个孩子："难道你不会分辨硬币的币值吗？"孩子小声说："如果我选择了 1 元钱，下次你就不会跟我玩这种游戏了！"

这就是那个小孩的聪明之处。

的确，如果他选择了1元钱，就没有人愿意继续跟他玩下去了，而他得到的也只有1元钱！但他拿5毛钱，把自己装成傻子，于是傻子当得越久，他就拿得越多，最终他得到的，将是1元钱的若干倍！

因此，在现实生活中，我们不妨向那个“傻小孩”看齐——不要1元钱，而取5毛钱！

而更多的人在社会上，却常有一种不拿白不拿，不吃白不吃的贪婪！殊不知你的贪婪不仅损害了他人的利益，还会使他人对你的贪婪产生反感。或许人们可以容忍你的行为，不在乎你的贪婪，但如果你懂得适可而止，人们会对你有更好的印象与评价，因此愿意延续和你的关系。

可叹的是，现代社会充斥着下列现象：人际关系一次用完，做生意一次赚足！以为自己这样做是聪明，殊不知这都是在断自己的路！所以，希望你能一直拥有那个小孩的“傻”，因为这会让你得到更多回报。

最大的财富在于无欲

欲念是前进的动力，更是社会这架机器的“燃料”。一个有上进心的人不能没有欲望，但是，如果欲望过于庞杂，则不再是件好事。

唐太宗李世民曾用明珠作比喻来告诫大臣们，千万不可贪赃枉法。他说，明珠虽然珍贵，但是人的生命比明珠更珍贵。假如一个人心中充满了贪婪的欲望，眼中只有金钱，而不怕国家的法律，那么这就是不爱惜自己的生命。拿宝贵的生命去换取明珠是最愚蠢的。

唐太宗还做过这样的比喻：鱼生活在水里，还怕不够深，又在水底的洞穴里寻找藏身之地，可是为什么还是被人类所捕获呢？就是因为鱼儿贪吃诱饵。他又比喻道，鸟把巢建在高高的树梢上，却还是成为人类的盘中餐，就是因为贪吃诱捕的谷物。因此，唐太宗再三要求大臣以国家利益和自家性命为重，不要迷失人生的方向，一定要去掉贪欲，不被金钱和物质利益所诱惑，以避免身败名裂的下场。

古时有一个官场不得意的书生请教老子："我读书奋斗多年，仍然谋不到一官半职，很惭愧，我该怎么办呢？"

老子笑了笑，然后慢条斯理地说："名与身孰亲？身与货孰多？得与失孰痛？是故甚爱必大费，多藏必厚亡。知足不辱，知止不殆，可以长久。"

书生听了，呆了半晌，两眼直勾勾地望着老子。老子见书生一副大惑不解的样子，便不厌其烦地说："祸莫大于不知足，咎莫大于欲得。故知足之止，常足矣。"

书生这次听懂了，苦涩地点了点头，默默地走开了。

时不论古今，地不分中外，人类始终难以摆脱欲望，同时在欲望的角逐中又不时涌现出一些有明智之举的理性人物。

希腊有一个哲学家，当年虽已 80 高龄，但依然仙风道骨，非常健壮，有人问他："谁是世上最富有的人？"他斩钉截铁地说："知足的人。"

这句话恰和老子"知足者富"的说法如出一辙。

有一次，一个人问当代美国最富有的一位企业家，怎样才能致富？这位企业家不假思索地回答："节约。""谁比你更富有？""知足的人。"

"知足就是最大的财富吗？"这位企业家引用了罗马哲学家塞涅卡的一句名言来回答："最大的财富在于无欲。"塞涅卡还说过："如果你不能对现在的一切感到满足，那么纵使让你拥有全世界，你也不会幸福。"最妙的是，罗马大政治家兼哲学家西塞罗也曾有类似的说法："对我们现有的一切感到满足，就是财富上的最根本保证。"

在西塞罗之前，希腊大哲学家伊壁鸠鲁说得更有趣，如果你要使一个人快乐，别增添他的财富，只要减少他的欲望。伊壁鸠鲁所说的道理，又和孟子所主张的"养心莫善于寡欲"之说有颇多暗合。伊壁鸠鲁主张人生的最大目的就是快乐，但并非指放荡的快乐或肉体上的享受，而是身体的不痛苦和灵魂不被侵扰。为了实践自己的学说，他平时只吃一点点面包，节日时才加点乳酪，他以这种方式在和谐的生存中追求着快乐。

人们往往因过分关心谋生度日的事情，或者过分贪婪而不能适可而止，所以正在无意中忘却了生活的乐趣。所谓这山望着那山高，总以为别人手里的梨才是大个儿的，于是千方百计要争得比别人更大的梨。然而，人毕竟不是千手观音，只是一口而已，能容得下的福分也是有限的，贪得无厌反而会得消化不良。

唐代伟大的文学家柳宗元曾写过一篇散文，里面说到，有一种善于背负东西的小虫，行走时遇见东西就拾起来放在自己的背上，高昂着头往前走，它的背发涩，堆到上面的东西掉不下来，背上的东西越来越多，越来越重。无止无尽的贪婪行为，终于使它累倒在地。

欲望越少，快乐越多

托尔斯泰说："欲望越小，人生就越幸福。"一个人如果欲望太多，就会变得贪婪，一个永不知足的人是无法感受到幸福的。

传说上帝在创造蜈蚣时，并没有为它造脚，但是它可以爬得和蛇一样快速。有一天，它看到羚羊、梅花鹿和其他有脚的动物都跑得比它快，心里很不高兴，便嫉妒地说："哼！脚愈多，当然跑得愈快！"

于是，它向上帝祷告说："上帝啊！我希望拥有比其他动物更多的脚。"

上帝答应了它的请求。他把好多好多脚放在蜈蚣面前，任凭它自由取用。蜈蚣迫不及待地拿起这些脚，一只一只地往身上贴去，从头一直贴到尾，直到再也没有地方可贴了，它才依依不舍地停止。

它心满意足地看看满身都是脚的自己，心中暗暗窃喜：“现在，我可以像箭一样地飞出去了！”但是，等它要跑步时，才发觉自己完全无法控制这些脚。这些脚噼里啪啦地各走各的，它非得全神贯注，才能使一大堆脚不致互相绊跌而顺利地往前走。这样一来，它走得比以前更慢了。

任何事物都不是多多益善，蜈蚣因为贪婪，想拥有更多的脚，结果却适得其反，脚却成了束缚它行动的绳索，代价可谓惨重。

《圣经》上说，如果你得到的是整个世界，而丧失了自我的生命，那么，你也得不偿失。因贪婪而得来的东西，永远是人生的累赘。贪婪轻则让人丧失生活的乐趣，重则误了身家性命。生活的压力越来越大，脸上的笑容越来越少，这或许便是贪婪的代价。

人，饥而欲食，渴而欲饮，寒而欲衣，劳而欲息。幸福与人的基本生存需要是不可分离的。人们在现实中感受或意识到的幸福，通常表现为自身需要的满足状态。人的生存和发展的需要得到了满足，便会产生内在的幸福感。幸福感是一种心满意足的状态，植根于人的需求对象的土壤里。

然而，生活中很多人都是希望自己拥有的多一些，再多一些，从来没有满足的时候。

卡耐基说：“要是我们得不到我们希望的东西，最好不要让忧虑和悔恨来苦恼我们的生活。且让我们原谅自己，学得豁达一点儿。”根据古希腊哲学家艾皮科蒂塔的说法，哲学的精华就是：一个人生活上的快乐，应该来自尽可能减少对外来事物的依赖。罗马政治学家及哲学家塞尼加也说：“如果你一直觉得不满，那么即使你拥有了整个世界，也会觉得伤心。且让我们记住，即使我们拥有整个世界，我们一天也只能吃三餐，一次也只能睡一张床。即使是一个挖水沟的工人也可如此享受，而且他们可能比洛克菲勒吃得更津津有味，睡得更安稳。”

欲壑难填是一种病态，如果任其发展下去，其结局必然是自我爆炸，自我毁灭。

“身外物，不奢恋”是思悟后的清醒。它不但是超越世俗的大智大勇，也是放眼未来的豁达襟怀。谁能做到这一点，谁就会活得轻松、过得自在，遇事想得开、放得下。我们在身上修筑的这个无形“桃花源”，还可以改变体内的生理状态，保护心脏和血管不受损害。

一句话感悟

托尔斯泰说：“欲望越小，人生就越幸福。”为了得到世界，总是过分地透支自己的生命。即使拥有了世界，相信也没有健康的体魄去享受它。“身外物，不奢恋!”知足便常乐。

第六章　高处不胜寒

——有一种智慧叫弯曲

泰戈尔说：“当我们大为谦卑的时候，便是我们最接近于伟大的时候。”示弱有时迫于环境与生存的需要，就像暴风雨中弯腰的草木；为吴王夫差养马的勾践；忍胯下之辱的韩信；煮酒论英雄中的刘备……在逆境中示弱是一种生存智慧，在弱者面前示弱是人格魅力的展现，因为只有伟大才愿俯身。

1. 高高在上，伟大才愿俯身

做人要敢于示弱

北大方正的创始人王选，曾对科技领域的人才以打猎为喻分出三种类型：第一种是指兔子的人，第二种是打兔子的人，第三种则是捡兔子的人。指兔子的人就是指明科研方向的人，打兔子的人是进行科技攻关的人，捡兔子的人就是让科技在经济领域产生效益的人。有人曾笑问王选属于哪种人，王选说："我属于第二种人，其他两个方面都是我的弱项。"

由于王选激光照排的成功，没有人会怀疑他在以上三个方面的成就。他最先确定激光照排的科研方向，又是最有实力和开拓力的科技攻关者，以及应用于印刷领域、改变中国印刷历史并产生巨大效益的第一人。

王选的示弱让人摸不着头脑。后来，王选又做出一个惊人的决定：他决定退出设计第一线，理由是他不能胜任当时的设计工作。

所有得知这个消息的人都感到不可思议。王选则说了两件这样的事。1993 年春节，他连续工作了半个月进行一项试验，一个学生看了他的设计方案后，对他说："王老师，你设计的这些都没有用，IBM 的计算机总线上有一条线，可以替代你所有的设计。"另一件事发生在 1991 年，方正公司的 91 设计方案即将上市之前，突然发现计算机芯片在处理图形方面存在漏洞，于是王选找来负责技术攻关的 3 个资历较浅的年轻人，他根本没指望他们能想出对策来。但是其中一个学生想出了一个妙策，成功地解决了这一问题。

在许多功成名就的大人物中，很少有人像王选那样自暴弱点、自我贬损。但令人感慨的是，王选的做法团结了一大批中国计算机领域的精英人才。不仅王选本人成为中国的比尔·盖茨式的人物，他的北大方正公司也仅用了 8 年时间就成为世界知名企业。

成功的世界总是欢迎有智慧的人，你有多少弱处其实就有多少失败的可能，但只要你敢于示弱，就有了弥补的机会和可能。

事实上，没有弱点的人在这个世界上是不存在的，那些赫赫有名的成功人士也不例外。他们之所以能取得非凡的成就，就在于他们能看清自己的弱点，避开自己的弱点，全心全意经营自己的长处。

泰戈尔说："当我们大为谦卑的时候，便是我们最接近于伟大的时候。"有些示弱是迫于当时的环境，是生存的需要，就像暴风雨中弯腰的草木，避开技经肯綮的庖丁之刀，为吴王养马的勾践，忍胯下之辱的韩信。逆境中的示弱是生存的智慧，而强者的示弱是人性魅力的显现，更是一种非凡的气度。

一次，唐太宗在玩鸟，魏征前来禀事。太宗深知魏征的脾气，仓促间将小鸟藏于袖间，而这一切都被魏征看在眼里。他借禀事之故迟迟不走，待他走后，小鸟已闷死在袖中。一国之君何以畏臣？这是君的示弱。正因为唐太宗有"江海下百川"的姿态，才有了举世闻名的"贞观之治"。

我们还知道，1970 年联邦德国总理勃兰特访问波兰，跪倒在华沙犹太人殉难者纪念碑前，他面对的是600 万犹太人的亡灵，他是"替所有必须这样做，而没有这样做的人下跪了"，这就是有名的"华沙之跪"。无可否认，华沙之跪极大提高了勃兰特和德国在外交方面的形象，为此，1971 年勃兰特获诺贝尔和平奖。"华沙之跪"也被标志为战后德国与东欧诸国改善关系的重要里程碑。

示弱赢得尊敬，伟大才愿俯身。不是所有的强者都懂得示弱，都愿意示弱，他们很多放不下架子，靠架子端起威严。然而，真正伟大的人物不是让人望而生畏，而是望而可亲，畏让人远离，亲让人走近。他们不是凌驾于众人之上，而是把自己放到跟他人一样的高度，以俯身的姿态去倾听。如果他是上司，他会微笑着向每一个遇见的员工点头；如果属强势人群，他会向弱势之人伸出温暖的手。我们每个人相对某些人都是“强者”，面对他们，你真诚地示弱了吗？示弱不应是一种故作姿态，而应是心的俯就。

以弱者自居，迷惑敌人

被领导重视是好事，被敌人重视——小心了，他随时都在虎视眈眈地盯着你，你稍有不慎就会遭到攻击。以弱者自居，让敌人轻视自己，则会让敌人对自己放松警惕，自然安全多了。

《三国演义》中有一段“曹操煮酒论英雄”的故事。刘备落难后投靠曹操，曹操收留了刘备，但并没有对刘备完全放心。曹操生性多疑，他害怕刘备有朝一日重整旗鼓，会和自己争天下。刘备住在许都，为防曹操猜忌，就在后园种菜，每日亲自浇灌，装出一副躲避世事纷扰的样子来迷惑曹操。

一日，曹操约刘备入府饮酒，以龙喻人，评论谁为当世之英雄。曹操征求刘备的意见，刘备点遍袁术、袁绍、刘表、孙策、刘璋、张绣、张鲁、韩遂，均被曹操一一贬低。曹操指出英雄的标准是：“胸有大志，腹有良谋，有包藏宇宙之机，吞吐天地之志。”刘备问：“谁人当之？”曹操意味深长地一笑，说自己与刘备才是英雄。刘备以为曹操看破了自己的心事，吓得把匙箸也丢落在地下。恰好当时大雨将至，雷声大作，刘备拾起匙箸，战战兢兢地说：“一震之威，乃至于此。”曹操哈哈大笑，大大减轻了对刘备的戒意，认定天下再无人能与己争。

在强者面前，尤其是在与自己有利益冲突的强者面前，一定要一弱再弱，满足对方的成就感和虚荣心，使自己获得安全。

刘邦入函谷关后，他的手下将官曹无伤想投靠项羽，便偷偷地派人到项羽那里去告密，说："这次沛公进入咸阳，是想在关中做王。"

项羽听了，下决心要把刘邦的兵力消灭。那时，项羽的兵马有 40 万，驻扎在鸿门；刘邦的兵马只有 10 万，驻扎在灞上。双方相隔只有 40 里地，兵力悬殊，刘邦的处境十分危险。

刘邦得知项羽的想法后，带着张良、樊哙和 100 多名随从，前往鸿门拜见项羽。刘邦说："我和将军同心协力攻打秦国，将军在河北，我在河南。我自己也没有想到能够先进了关。今天在这儿和将军相见，真是件令人高兴的事。哪曾想有人在您面前挑拨，叫您生了气，这实在是太不幸了。"

项羽见刘邦一副低声下气的样子，满肚子的气早消了一半。他相信了刘邦的服弱之心，还把曹无伤也供了出来。

当天，项羽就留刘邦在军营喝酒，还请范增、项伯、张良作陪。酒席上，范增一再向项羽使眼色，并且举起他身上佩带的玉玦，要项羽下决心，趁机把刘邦杀掉。可是项羽只当没有看见。

后来，刘邦的车夫樊哙到项羽帐中，说了一番替刘邦示弱，骂项羽欺人太甚的话，直说得项羽无言以对，觉得不该对"弱小"的刘邦下狠手。

经过刘邦这一番自轻自贱，项羽完全不把他视为与自己争天下的敌人了，他心一软，便把刘邦给放了。

一句话感悟

"木秀于林，风必摧之"，"枪打出头鸟"，都讲述了好逞强所产生的后果。现实生活中，示弱不是软弱，而是一种生存智慧与人格魅力的完美展现。

---

2. 清高，你将没有一个朋友

做人不要太挑剔

生活中，有些人天生骨子里就散发着一股清高劲，凡事有自己的一套行为标准，有自己的做人原则，一旦别人的举动不在自己的标准和原则之内，就开始疏远、鄙视他人。而另外一些人天生骨子里就透着一股亲和力，想他人之所想，虽然他也有自己的原则，但有时他也能“随大流”，办事灵活，主动与人亲近。

李力所在的工厂很大，他开始进工厂上班时，工友们都很喜欢这个小伙子。李力在工作中发现，一个小时加工300个部件很容易，但是，他周围的工人平均只加工200个，并告诉他要放慢速度，悠着点。李力心想：“为什么要放慢？我喜欢多干！而且你们一个个生产效率这么低，不是有损工厂利益吗?”

因此，他仍然坚持每小时加工300个部件，并认为工友们都是些懒惰、爱占小便宜的家伙！还没等他鄙视完他的工友，他就发现，工友们都不愿意搭理他了。只要他过来，大家就停止谈话，有时大家还笑话他！虽然他从未有意识地讨好大家，但他的产量在一个星期后也下降到了每小时200个，很快他又融入了团队。

从上面的故事可以看出，李力开始的清高，让工人们有意地疏远了他，他把自己孤立起来了。当他意识到这一点时，他并没有在其他方面讨好他的工人，而只是把自己的产量降低就行了。

清高，“清”意思是无色，洁净；“高”又代表着高处不胜寒。

清高的人常常独来独往，并不是因为他们喜欢这样，而是他们认为自己鹤立鸡群，周围的人都不配与自己一起交流，一起同乐，这样就免不了被他人疏远。

所谓“木秀于林，风必摧之”，从心理学的角度来看，任何群体都有维持群体一致性的特点。对于同群体保持一致的成员，群体的反应是喜欢、接受和优待。而对于偏离者，群体则会厌恶、拒绝和制裁。因此，任何对于群体的偏离都有很大的冒险性。

很多人被同伴疏远了都不知道是怎么一回事，认为自己不过是坚持了自己的原则，却受到他人的排斥。问题就出在所谓的原则上，很多时候，你所坚持的原则并非真正的原则，而是自己的偏好甚至怪僻，与他人格格不入也就是很自然的事情了。

有句话叫做“水至清则无鱼，人至察则无徒”。意思是说：水太清了，鱼就无法生存；要求别人太严格了，就没有伙伴。所以，我们做人不要太苛刻，看问题不要过于严厉，否则，就容易使别人因害怕而不愿意与你打交道，就像水过于清澈养不住鱼儿一样。

我们有时会听到有的人说：“我不喜欢和他们玩，他们太爱招摇了!”“我不喜欢和他们共事，他们都太俗了!”当别人劝他别太清高时，他会说：“那可不是我的性格，我的理想可不是靠这个去实现的。”有的人进入一个新的环境后，这个看不顺眼，那个也不喜欢，认为老板没多大本事，同事都不如自己，对公司的制度不满意，对一些潜规则更是不屑一顾。在社会生活中，一些自认为有个性的所谓愤青，自我感觉良好，自命不凡，总觉得自己超凡脱俗，对一些人情世故看不惯，甚至唾弃、鄙视。如果这种不满的情绪时常表露出来，对人际关系是非常不利的。

如果你要融入某个圈子，就不要太挑剔圈子成员的某些共同的，在你看来是缺点的“缺点”，不要自己把自己孤立起来，要懂得和周围的人打成一片。

千万不要自命不凡，自以为了不起，对周围的人一律瞧不起。实际上这样做是愚笨至极，更是得不偿失。你等于自己给自己砌起了一道高墙，有意割断与别人的联系，让自己陷入孤家寡人的境地。

做人应该懂得低调。不能因为别人与自己脾气不同，身份有异，价值观不一致就显示出不耐烦或瞧不起别人的样子。殊不知，在别人眼里，你就是个脱离群体的怪人。因此，即使你真的高人一等，也要懂得放下架子，放下学历，放下背景，踏踏实实、谦虚谨慎地向人学习。更何况，有时候只是我们自我感觉良好。即使你真的很优秀，在别人面前你也不可能有绝对的优势。

因此，在某些方面，即使你不同意别人的观点，也要谦虚一点儿。如果你做不到这点，至少要懂得尊重别人，礼貌待人。你可以不同意别人的说法，但是你要尊重别人说话的权利。你用不着刻意奉承别人，但你一定要学会真心地赞美和欣赏别人；你不一定要请客送礼，但你至少不要吝啬自己的微笑；你不需要说那些言不由衷的话，但至少要懂得尊重别人的感受。

如果你想要成功，就得在一些人和事上妥协，放下清高的架子，让自己俗一点儿！

放下身段，路会越走越宽

人的“身段”是一种“自我认同”，并不是什么不好的事，但是这种“自我认同”也是一种“自我限制”，也就是说，“因为我是这种人，所以我不能去做那种事”。自我认同越强的人，自我限制也越厉害。

所以，千金小姐不愿意和保姆同桌吃饭，博士不愿意当基层业务员，高级主管不愿意主动找下级职员，知识分子不愿意做体力工作……他们认为，如果那样做，就会有损自己的身份。

拿着“身段”做人，会让你越来越清高孤傲，越来越孤寂。

如果你想从自我封闭的圈子走出来，就要放下身段，也就是：放下你的学历、放下你的家庭背景、放下你的身份，让自己回归到“普通人”，不要总是过于自尊。

其实，每个人都希望自己得到公众的尊重和喜欢，但是这种自尊的需要仅仅是个人的一种希冀，能否真正得到，则取决于公众对自己言语、举止、行动的评价和肯定。如果说将自尊的需要作为一种行动去指导自己的行为，这本没有理论上的错误，问题是这种自尊心理不能过分。一个人在社交中，若让过分自尊的心理占据指导和支配地位，就会担心自己的行为是否失当，担心别人会怎么看待自己，有时甚至会因为过分自尊之故，不愿与比自己强的人交往，担心会掉自己的“价”，失去尊严。因为过分自尊，也不愿与比自己“差”的人交往，觉得有失身份。如此思来想去，就会把自己封闭起来，不与外界往来，成为孤家寡人，慢慢地就难以适应现代社会了。

所以，要走出自我封闭的圈子，就要克服自己的心理障碍，正确认识自己，勇敢面对社会、面对他人。

（1）要有社交成功的愿意。只要你想进入某个圈子，想成为社交中的一员，想受到别人的欢迎，想拥有许多朋友，你就会调动你的一切智慧去掌握社交的技能，而你最终也能学会社交。

（2）要敢于表现自己的长处。每个人都有自己的长处，只要你相信自己有能力去和别人交往，你就会发挥自己的长处，不断地显示自己的长处，从而吸引别人的注意，找到志同道合者。不要害怕自己不行，要相信自己会比别人做得更好，只要你有自信，你就会使自己的长处得到充分的发挥。

（3）要敢于承认自己的不足。在别人面前承认自己的缺陷与不足，不但不会丢脸，反而会赢得别人的尊敬。每个人都有自己的短处，敢于承认自己的短处是一种勇敢的行为。很多人不敢在别人面前承认自己的缺陷和不足，害怕别人看不起自己，其实，“头上的烂疮疤盖是盖不住的”，只有承认它的存在，才有改正的可能。另外，每个人都有不足，你承认自己的不足也没有什么丢人的。相反，人们会认为你是个诚实的人，值得信赖，因此愿意结交你，和你成为朋友。

（4）多与别人交谈。当你敞开心扉，能容他人，他人也就能容你。语言是开心的钥匙，只要与人交谈就会收到交际的效果。多与人交谈就会渐渐地敢于说出自己的心里话，就会与人坦诚相待，容许别人发表自己的见解；彼此相容就会达成一致，建立友谊，由此你也就学会了交际。

一句话感悟

“水至清则无鱼，人至察则无徒”。一个自命不凡，自以为是的人是愚笨至极，得不偿失的。自装清高不仅是自己给自己筑起了一道高墙，还割断了与他人的交往，让自己陷于了孤立无缘的境地。

---

3. 不懂装懂，聪明反被聪明误

不懂装懂是无知的表现

不懂装懂和说大话、吹牛并无不同。一个人如果没有高人一等的智慧，却装出一副什么都知道的样子，就会被人看做是虚张声势的伪君子。

王某是一家杂志社的社长，不管在什么场合，他总喜欢装腔作势，并且故意降低自己的声调来表现自己的"庄重"。不仅如此，他还总是表现出一副无所不知的样子，这种姿态让人觉得他好像在做自我宣传。

然而，不论他再怎么装腔作势，包含再多的暗示性话语，他出版的杂志或周刊永远也上不了台面。

他所出版的刊物总是被人批评为现学现卖、肤浅的杂学之流，这是因为他对任何事都喜欢评论。当他打算开口说话时，旁边的人就说："天啊，又要开始了!"然后便咬着牙，万分痛苦地忍耐着。

在朋友关系中，最令人敬而远之的就是那种没有一点儿自知之明的人。

承认自己也有不知道的事并不丢人，为了自抬身价而不懂装懂，一旦被对方看穿，反而会令对方产生不信任感而不愿与你交往。

"闻道有先后，术业有专攻"，每个人都有自己的专长，不可能每件事都很精通。

愈是爱表现的人，愈是无法精通每件事。交朋友应该是互相取长补短，别人比自己精通的地方就应不耻下问；即使是自己很精通的事，也要以谦虚的态度来展现实力，这样才能让别人信服你。

在这个高度复杂的信息时代，每个人所吸收的知识都不可能包罗万象。若不以虚心的态度与人交往，怎么能够受到欢迎呢？凡事都自以为是的人，必然得不到别人的尊敬。

不懂装懂就是无知，不利于交际范围的扩展，这样的人在社会上恐怕永远也不会受到欢迎。不懂装懂和自作聪明的处世方法会毁掉一切，使人们对你失去兴趣和信任。

敢于承认自己"不知道"

古希腊著名哲学家苏格拉底讲过："就我来说，我所知道的一切，就是我什么也不知道。"他以最简洁的形式表达了进一步开阔视野的理想姿态。可以说，至今仍有很多人信奉这句名言。无论你多么伟大，无论你多么有才能，你也有你不知道的东西，说不知道并非意味着你无能，反而能在勇敢承认的同时获得更多的称赞。

有一位学问高深、年近八旬的老妇人，原是大学教授，会讲5种语言，读书很多，词汇丰富，记忆力过人，而且还经常旅行，可以称得上是见多识广。然而，人们从未听到过她卖弄自己的学识或对自己不了解的事情假称通晓。遇到疑难时，她从不回避说“我不知道”，也不用自己的知识去搪塞，而是建议别人去查阅有关专著、资料，以作参考。老人的做法，使每个跟她接触的人真正懂得了怎样才能被别人敬重，怎样才能获得做人的最好的尊严。

心理学家邦雅曼·埃维特曾指出，平时动不动就说“我知道”的人，头脑迟钝，易受约束，不善于与他人交往。迅速和现成的回答，表现的是一种一成不变的老套思想；而敢于说“我不知道”所显示的则是一种富有想象力和创造性的精神。埃维特还说，如果我们承认对这个或那个问题也需要思索或老实地承认自己的无知，那么我们的生活方式就会得到大大的改善。这就是他竭力倡导的态度和人们可以从中得到的益处。

从事任何一种职业的聪明人，都有勇气承认“没有人知道一切事情”这个事实。他们常常说自己不知道，随后就去寻找他们所欠缺的知识。承认自己不知道无损于他们的自尊，对于他们来说，“不知道”是一种动力，并不是说出来就大失面子的话语，因为自己的“不知道”，反而会促使他们去进一步了解情况，求得更多的知识。

在前往心理医生那里求诊的病人中，有许多是著名的人物和企业家。他们在自己所从事的行业里是很杰出的，但是医生在和他们接触的过程中，常常发现他们在生活的其他方面非常幼稚。他们在钻研提高自己的专长方面下很多工夫，所以在与工作无关的其他知识方面就不够成熟。他们对自己专业范围之外的简单问题，也可能毫无所知。

成功者知道，要掌握所有的知识，是既不可能也没有必要的。所以，他们集中精力成为某方面的专家。他们知道，“万事通”是失败者，而成功者只精通一门或几门。真正的有面子是在你从事的一门里能够出类拔萃。

坦白承认“不知道”的领导者，才能接受下属的建议，集百家之长于一身，成为最后的成功者，也是获得最大面子的成功者。作家斯蒂芬·马洛在其某部作品中，让其中的一个人物说过这样一段话：“我想，英语里最讨人喜欢的几个字也许是I don’t know（我不知道）。这句话可以作为跳板，并使你揭开对每个人来讲都会有的奥妙。”

做人就要敢于坦诚地承认自己的不足和不知道，不要为了面子，强把自己说成“万事通”，让自己大失脸面。要知道知识是从“不知道”里面去争取的，而不是从你说“知道”里面欺骗得来的。

一句话感悟

“闻道有先后，术业有专攻”。在今天分工更加明确的信息时代，每个人所掌握的知识都不可能面面俱全。在自己不懂的领域里大声地说：“不知道！”这并不丢人。但为了抬高自己而不懂装懂，后果可能比无知更可怕。

4. 自负，低调才是最好的炫耀

自大是失败的前兆

生活中一个无法回避的事实是，每个人的能耐总是十分有限，没有人可以样样精通，所以，人人都可在某些方面成为我们的老师。当你自以为拥有一些才艺时，你要记住，你还十分欠缺功力，而且会永远欠缺。否则，失败就离你不远了。

从前，有一位博士搭船过江。在船上，他和船夫闲谈。

他问船夫："你懂文学吗?"

船夫回答："不懂。"

博士又问："那么历史学、动物学、植物学呢?"

船夫摇摇头。博士嘲讽地说："你样样都不懂，是个饭桶。"

不久，天色忽变，风浪大作，船即将倾覆，博士吓得面如土色。船夫就问他："你会游泳吗?"博士回答："不会。我样样都懂，就是不懂游泳。"

正说着船就翻了，博士大呼救命。船夫一把将他抓住，把他救上岸，笑着对他说："你所懂的，我都不懂，你说我是饭桶；但你样样都懂，就是不懂游泳，要不是我这个饭桶，恐怕你早已变成水桶了。"

有的人总是把自己看得很重要，但事实上，少了他，事情往往可以做得一样好。我们要切记这样一个道理：自大是失败的前兆。

自大往往不是空穴来风，自大的人总有一些突出的地方。这些突出的特长，使他们较之别人有一种优越感。这种优越感达到一定程度，便使人目空一切，飘飘然而不知天高地厚。

历史人物当中，自大者不在少数。看看他们的命运，也许会对你有所启发。

关羽的忠勇刚强在当时名闻天下。他屡建奇功，万夫不敌，但是，自负自大却是他致命的弱点。

刘备在益州时，马超从关中来降，关羽写信给诸葛亮，询问马超的才能。诸葛亮回信道："马孟起文武双全，雄烈过人，一代俊杰，是黥布、彭越一类的人物，可以和益德并驾齐驱，然而不及美髯公的超群绝伦。"关羽得到书信后很高兴，并把此信给宾客将吏们展示炫耀。

刘备称汉中王后，拜关羽为前将军，张飞为右将军，马超为左将军，黄忠为后将军。当时费祎受命将任命送往樊城前线，但关羽看不起黄忠，勃然大怒说："大丈夫决不与老兵同列。"再三不肯接受印绶。后来费祎极力劝说，关羽才接了前将军的印绶。关羽的自负自大在襄樊之战初期达到了登峰造极的地步。

这一年，襄樊地区一连下了十几天雨，汉水暴涨，将樊城团团围住，驻扎城外的曹军营屯尽被淹没。关羽乘战船猛攻曹军，将曹操派来助守樊城的大将于禁俘获，又擒杀曹军大将庞德。曹操所置荆州刺史、南广太守，都投降了关羽，造成了关羽"威震华夏"的声势。一连串的胜利使关羽倍感骄傲，自认为是无人可挡了。东吴大将吕蒙却看到了他的这一弱点，设下了一套袭取荆州的计策。

关羽先是被曹操大将徐晃战败，继而吕蒙渡江袭取江陵、公安，他的南郡太守糜芳和将军博士仁为免受关羽的严惩，兵不血刃地投降了。之后，由于蜀军刘封、孟达都拒绝救援他，关羽最终败走麦城，被吴军活捉而遭斩首。

多一份狂妄，就多一份挫折；多一份谦逊，就多一份受益。不仅古时如此，在现代社会更可视为金玉良言。

戒除自以为是的坏毛病

爱尔兰戏剧家萧伯纳有一次访问俄国时，在莫斯科街头遇到一个可爱的小女孩，便高兴地同她玩了起来。分手时，萧伯纳得意地对小女孩说："回去告诉你妈妈，今天同你玩耍的是世界上大名鼎鼎的萧伯纳。"

小女孩瞟了萧伯纳一眼，学着大人的口气，骄傲地说："你也回去告诉你妈妈，今天同你玩耍的是小女孩瑞秋。"这个回答使萧伯纳大吃一惊，他意识到自己太傲慢了。事后，他深有感触地对朋友说："一个人不论有多大的成就，对任何人都应当平等相待，常常保持谦虚的态度。这个俄国小女孩给我的教训，是我一辈子也忘不了的！”

自以为是是人人都可能犯的毛病，如果不加以控制，就会像疾病一样缠住你。一般来说，越没有深度的人越会为自己取得的一点点成绩而洋洋得意，但不幸的是，他们没有接着再取得什么成绩，于是对过去所取得的成绩念念不忘。如果有几个听众的话，就更加重了他们的“病情”。

一个自以为是的人，在他的眼里，没有人有资格成为他的老师，也没有人值得他去求教，从而妄自尊大，再不会保持学习的心态。如果说一件事没有做成，他多半会认为：自己都没做成，别人也不可能做成，以此来宽慰自己，久而久之，循环往复……

找不到榜样的人是孤独的，因为他没有方向感，也没有足够的力量拯救自己，慢慢地就会无所事事，也没有人愿意再信任他并交给他更富有挑战的工作。那么，他以后的时光就只能在那些不算重要的事情里打发了。可能原本是一个很有能力的人，但最多只落下一个“怀才不遇”的惋惜而已。

李倩是一家基金管理公司老总的女儿，仗着父亲的名义，她在公司中总喜欢自以为是。张华研究生毕业，她对投资的事最在行，而且对于相关的研究也投注了全部的心力。然而，在一次原本应由她主持的会议上，却是李倩在支配整个会议。事实上，李倩对各种基金表现所持的论调根本就是一派胡言。为赢得听众的注意力，李倩一说起话来，就没有人能让她停下来。

“李倩，”张华抗辩着，“这些基金是……嗯，如果你看看它们过去的表现……”她努力想提出反对意见，但是却不知道要怎么做才好。

“张华，如果你有这类问题，或任何其他问题，请尽管问！”李倩一秒也不停地说，然后又对那些着了迷的听众说道，“我完全了解你们的需要。当然，选择正确的投资对我来说是易如反掌的事！是呀，简直不费力气！这些基金我已经注意了好多年了，表现棒极了。相信我，绝没有错！”张华从她的话中就可以知道，李倩对这些基金了解并不多。

然而，每个人都随着李倩肯定的说辞而热情起舞。没有人知道，甚至连李倩自己都不知道自己在说些什么。

一旦你在生活中扮演了自以为是的角色，你就很难再接受别人的意见，你或许总以为别人是同意你的说法的。比如，你与听者也能很快地建立起共识。其实，这只不过是你一厢情愿的错觉罢了，这种“共识”只存在于你自己的心中。

一个自以为是的人是不可能成就什么大事的，他只会失去别人的好感，使自己陷入孤立的境地。也许在开始的时候，不知详情的人对你的口若悬河还很有兴趣，或者坚信不疑地跟着起舞。但一段时间过后，他们就会发现，你只不过是个喜欢让人注意的“大嘴巴”，愚蠢而又浅薄。

一个正深陷于自以为是泥潭的人，若扪心自问，相信他自己也不得不承认，自以为是的日子并不好过，因为他必须一直作秀，要随时隐藏内心不安的感觉。为了保住面子，他还要编足理由，随时应对别人的种种疑问，为自己圆谎……弄不好，他就会被自以为是套牢，被自己的醋瓶熏倒。

记住：一旦有人不经意间说你是一个自以为是的人，为了防止别人对你表现出更多的不满，最好的做法就是主动积极地确定自己的态度，然后积极地去找“老师”。跟着高手，你就不怕没有进步。

谦虚为你赢来尊重

年轻时候的富兰克林，非常的骄傲自大，而且言行简直就是不可一世，无论到哪里都显得咄咄逼人。造成他坏脾气的最大原因是因为他的父亲对他太纵容了，从来都不对他的这种行为做出训斥。

不过他父亲的一位挚友倒是看不下去了，有一天把他叫到面前，用很温和的语气对他说："富兰克林，你想想看，你不肯尊重他人意见，事事都自以为是的行为，结果将使你怎样呢？人家受了你几次这种难堪后，谁也不愿意再听你那么骄傲的言论。你的朋友们也会远远地避开你，免得他们会受你一肚子的冤枉气。"

"如果还这样下去，那么你从此就不能交到好朋友，你也不能从他人那里获得半点知识了。再说你现在所知道的事情才是那么一点点，很有限，这样是不行的。"

听了这一番话后，富兰克林大受感动，他也看清楚了自己过去的错误，决定从此要痛改前非，在处世待人的时候处处都改用研究的态度，言行也变得谦恭和婉了，时时慎防有损别人的尊严。

不久，他便从一个受人鄙视、拒绝交往的自负者，变成了一个到处受人欢迎和爱戴的人际交往高手。

如果富兰克林没有接受别人的意见，改变自己的毛病，仍然是一意孤行，说起话来还是不分大小，不把他人放在眼里，他的结果一定不堪设想。他也正是因为这才拥有了丰富的人际关系资源，才成为美国一位伟大的领袖。

东汉初的名将冯异在建立东汉王朝的战争中屡立功勋，然而他在每次战争后，总独自躲在大树下，而不像其他人那样，聚在一处争说自己的功劳，因而他赢得了"大树将军"的美称。

南朝梁时的开国良将冯道根，在梁武帝最初举兵时，冯道根受命为先锋，立了大功。每次征伐取得胜利之后，他从不自吹自擂。梁国的宰相沈约对梁武帝称赞冯道根说："此陛下之大树将军也！"

功劳是客观存在的，别人抹杀不掉，自己的吹嘘也终是徒劳。

有不少居功自傲的人，最终还是落得身败名裂的下场，只有那些继承了谦虚美德的老实人才能"赢得生前身后名"，为人所津津乐道。

在南北战争时期，美国北军格兰特将军和南军李将军率部交锋，经过一场激战后，南军败得溃不成军，李将军也被送到爱浦麦特城受审，签订降约。

格兰特将军在这次胜利后，很谦恭地说："李将军是一位很值得我们敬佩的人物。他虽然战败了，但是他的态度仍旧是那么镇定。他仍旧是穿着全新的、完整的那套军服，腰间还佩着政府奖赐他的名贵宝剑；而我却远远比不上他呀。"

他说他能取得这次战争的胜利，都是因为偶然的机会造成的。他说："我们能够取得这次胜利是因为我们运气好，当时敌方军队在弗吉尼亚，几乎天天都遇到阴雨，害得他们不得不陷在泥泞中进行作战。然而，我们所到之处，几乎每天都是好天气，非常方便我们行军，我们就是因为幸运才取得胜利的。"

这些谦虚的话，要比自吹自擂好得多。

主动克服自负

有一天，苏格拉底的弟子聚在一块聊天。一位出身富有的学生当着所有同学的面，夸耀他家在雅典附近拥有一片广阔的田地。当他正在吹嘘的时候，一直在旁边不动声色的苏格拉底拿出一张地图，说："麻烦你指给我看，亚细亚在哪里?""这一大片全是。"学生指着地图洋洋得意地说。"很好！那么，希腊在哪里?"苏格拉底又问。学生好不容易在地图上找出一小块来，但和亚细亚相比，实在太微小了。"雅典在哪儿?"苏格拉底又问。"雅典，这就更小了，好像是在这儿。"学生指着一个小点说。最后，苏格拉底看着他说："现在，请你指给我看，你那块广阔的田地在哪里呢?"学生满头大汗地找不到，他的田地在地图上连一丝影子也没有，他很尴尬地回答道："对不起，老师，我错了！"

当然，自负并非不可克服，只要我们自己努力并加上正确的方法，就可以避免自大。

首先，接受批评是根治自负的最佳办法。自负者的致命弱点是不愿意改变自己的态度或接受别人的观点，接受批评即是针对这一特点提出的方法。它并不是让自负者完全服从于他人，只是要求他们能够接受别人的正确观点，通过接受别人的批评，改变过去固执己见、惟我独尊的形象。

其次，与人平等相处。自负者视自己为上帝，无论在观念上还是行动上都无理地要求别人服从自己。平等相处就是要求自负者以一个普通社会成员的身份与别人平等交往。

再次，提高自我认识。要全面地认识自我，既要看到自己的优点和长处，又要看到自己的缺点和不足，不可一叶障目，不见泰山，抓住一点不放，未免失之偏颇。认识自我不能孤立地去评价，应该放到社会中去考察，每个人生活在世上都有自己的独到之处，都有他人所不及的地方，同时又有不如人的地方，与人比较不能总拿自己的长处去比别人的不足，把别人看得一无是处。

最后，要以发展的眼光看待自负，既要看到自己的过去，又要看到自己的现在和将来，辉煌的过去可能标志着你过去是个英雄，但它并不代表着现在，更不预示着将来。

一句话感悟

自信很重要，但自负绝不能要。自信是适当地肯定自己，而自负则是无限地放大自己。自信的人乐意接受批评，自负的人害怕甚至憎恨别人对自己的否定。自负的人，总是在自己固步自封的王国里，看到自己的伟大和光荣，做着“老子天下第一”的美梦。

5. 盲从，不知自己想要什么

永远坚持独立思考

从历史上看，人类总能够根据当时的认知，去创造一套理论来解释人们当时认识的世界。只要这些理论能够完美地解释人们所认知的现象，并能够为随后的发现或实践所证明，人们就会认为这套理论便是真理，创造或精通这套理论的人则被认为是权威。

权威一直是绝大多数人尊敬和信任的对象。他们的观点看法会被人们奉为宝典，以至于顶礼膜拜。但如果所有人都迷信权威，而缺失了自己独立的主张和看法的话，就绝对不会有真理的出现，人类社会也就不会进步。

一位和尚跪在一尊高大的佛像前，正无精打采地课诵经文。长期的修炼并未使他立地成佛，他为此而苦闷、彷徨，渴望解脱。正好，一位云游四方的大师来到他身旁。

“尊敬的大师，久仰久仰！弟子今日有缘见到你，真是前世的造化！”和尚来不及站起，激动得颤巍巍地说，“今有一事求教，请指点迷津：伟人何以成其伟人？比如说，我们面前的这位佛祖……”

“伟人之伟大，是因为我们跪着……”大师从容地说。

“是因为……跪着？”和尚怯生生地瞥了一眼佛像，转而欣喜地望着大师，“这么说，我该站起来？”

“是的！”大师打了一个起立的手势，“站起来吧，你也可以成为伟人！”

“什么？你说什么？我也可以成为伟人？你……你……你……这是对神灵、对伟人的贬损！”说着，和尚双手合十，连念了两遍“阿弥陀佛”。

“与其执著拜倒，弗如大胆超越！”大师说罢头也不回地走了。

“超越？呸！”和尚听了大师的话如惊雷轰顶，“这疯子简直是亵渎神灵，玷污伟人！罪过！罪过！”说着，他虔诚之至地补念了一通忏悔经，又跪下了。

一心想要成“佛”，却又不敢站起来，世间这样的人恐怕不在少数。其实睁眼看看，大千世界中哪有跪着的佛?！迷信乃至崇拜偶像，以致失去自我，泯灭个性和做人的自尊，是世人的悲哀。更为悲哀的是，身在迷信之中而不知其迷信，最终被其毒害乃至扼杀。

如果你想干一番大事业，有所作为，首先必须站起来！

一定要做到“三不迷信”——不迷信书本，不迷信大师，不迷信权威。在再伟大的人物、再“完美”的理论面前，也一定要站起来！

“不管怎样，地球仍在转动。”这是1633年罗马教廷以“重大异端嫌疑”罪名判处伽利略终身监禁后，伽利略口中的喃喃自语。

1610年，伽利略用望远镜观测到木星的卫星及其围绕木星的运动，由此断言，地球带着自己的卫星（月亮）围绕太阳运转。他在《关于托勒密和哥白尼两大世界体系的对话》一书中对地球运动作了新的、不为教廷承认的物理学论证，并大力宣传哥白尼的“日心说”，因而受到天主教的迫害而被逼“认罪”。然而，科学的理论不会为权势所改变。数个世纪之后，梵蒂冈教皇约翰·保罗二世于1992年正式宣布教廷为伽利略平反。

这恰恰表明，真理是不可战胜的。真理，不惧怕权势，不迷信权威，只注重事实。

这是因为，权威可能今天是权威，不代表永远是权威，而且权威有很多，你是听信哪一种呢？今天正确的权威不代表真理！如果你多问几句，这是真的吗？如果你改变一下，这次不这样做，结果会是怎样？如果你说不，会是怎样？不要害怕自己的决定会错误，因为权威们也是以自己的经验进行判断。相信自己的决断是正确的，你也就实现了自我突破。自我突破走出自己的一条路，是面对权威做出的正确选择，也是实现自我价值的出路所在。

1899 年，爱因斯坦在瑞士苏黎世联邦工业大学就读时，他的导师是数学家明可夫斯基。由于爱因斯坦肯动脑筋、爱思考，深得明可夫斯基的赏识。但是，爱因斯坦很苦恼，苦于没办法突破前人做出的成就，而且每个领域的顶尖科学家看上去都无法超越。于是他请教老师：“一个人，比如我，究竟怎样才能在科学领域、在人生道路上，留下自己的闪光足迹，作出自己的杰出贡献呢？”

一向才思敏捷的明可夫斯基一时竟想不出好主意，直到 3 天后，他才找到爱因斯坦，非常兴奋地说：“你那天提的问题，我终于有了答案！”

爱因斯坦迫不及待地想知道。明可夫斯基手脚并用地比画了一阵，怎么也说不明白，于是，他拉起爱因斯坦朝一处建筑工地走去，而且径直踏上了建筑工人刚刚铺平的水泥地面。在建筑工人的呵斥声中，爱因斯坦一头雾水，非常不解地问明可夫斯基：“老师，您这不是领我误入歧途吗？”“对，对，歧途！”明可夫斯基顾不得别人的指责，非常专注地说：“看到了吧？只有这样的‘歧途’，才能留下足迹！”然后，他又解释说：“只有新的领域，只有尚未凝固的地方，才能留下深深的脚印。那些凝固已久的老地面，那些被无数人、无数脚步涉足的地方，别想再踩出脚印来……”听到这里，爱因斯坦沉思良久，非常感激地对明可夫斯基说：“恩师，我明白您的意思了！”

从此，一种非常强烈的创新和开拓意识，开始主导爱因斯坦的思维和行动。他曾经说过这样的话：“我从来不记忆和思考词典、手册里的东西，我的脑袋只用来记忆和思考那些还没载入书本的东西。”于是，就在爱因斯坦走出校园、初涉世事的几年里，他作为伯尔尼专利局里默默无闻的小职员，利用业余时间进行科学研究，在物理学的未知领域里大胆而果断地挑战并突破了牛顿力学。

崇拜权威，会禁锢你的头脑，束缚你的手脚。只有不照搬权威的意见，坚持自己的独立思考，才能创造出一条权威之外的属于自己的成功之路。

一句话感悟

书本的知识、大师的言行、权威的理论只能作为我们参考与借鉴。千万不能迷信，迷信只会禁锢我们的思想，束缚我们的手脚。更不能用静止的眼光看待正在瞬息万变的世界。人类正因为不断的创新与越超，才成就了今天的文明与辉煌。

6. 敌视，拥有对手未必不是件幸事

拥有对手使人更加坚强

拥有对手，你会变得更加坚强，也会变得更加左右逢源。不要害怕对手，要学会喜欢竞争；不要仇恨对手给你带来的失败，要学会化悲痛为力量。

人类从原始社会起就互相竞争，以此证明自己的价值。竞争之下，有胜有负，胜者骄傲欣喜，败者沮丧羞愧。这些情绪有可能内转：失败者恨自己不成器，怀疑自己；胜利者自高自大，目中无人。也可能外转：失败者嫉妒、仇视胜利者，胜利者小觑、厌恶失败者。他们完全忘了“乐极生悲，否极泰来”的道理。相互间的不宽容最终会演变成憎恨。当你开始憎恨对手的时候，它就会成为一块拦路石了。

海格力斯是一个大力士。一天，他走在坎坷不平的山路上，发现脚边有个苹果似的东西。海格力斯蔑视地踩了那东西一脚，谁知道那东西不但没被踩破，反而膨胀起来。海格力斯操起一根碗口粗的木棒狠命砸它，那东西竟然扩大到把路也堵死了。海格力斯无计可施，只好惊疑地在一旁观看。

正在这时，山中走出一位老叟，对海格力斯说：“朋友，快别动它，离开它远去吧！这叫仇恨袋，你不犯它，它便小如当初；一旦你侵犯它，它便会膨胀起来，挡住你的去路，与你敌对到底！”

其实，为什么要憎恨对手呢？对手给予我们的，不仅仅是威胁和斗争，同时还有一种求生和求胜的动力。

在2000年“世界爱鸟日”这一天，澳大利亚国家公园应广大市民的要求，放飞了一只在笼子里关了4年的秃鹰。事隔3日，当爱鸟者们还在为自己的善举津津乐道时，一位游客在距公园不远的小树林里发现了这只秃鹰的尸体。经解剖发现，秃鹰死于饥饿。

秃鹰本来是一种十分凶悍的鸟，甚至可与美洲豹争食。然而，由于它在笼子里关得太久，远离天敌，结果失去了生存能力。

无独有偶。一位动物学家对生活在非洲大草原奥兰治河两岸的羚羊群进行过研究。他发现东岸羚羊群的繁殖能力比西岸的强，奔跑速度也比西岸的羚羊每分钟快13米。而这些羚羊的生存环境和属类都是相同的，饲料来源也一样。

于是，他在东西两岸各抓了10只羚羊，把它们送往对岸。结果，运到东岸的10只羚羊一年后繁殖到14只，运到西岸的10只则变得懒惰安逸，体弱多病，最终只剩下3只。

结果证明：东岸的羚羊之所以强健，是因为它们附近生活着一个狼群；西岸的羚羊之所以弱小，正是因为缺少了这么一群天敌。

一种动物如果没有竞争对手，就会变得死气沉沉；一个人如果没有对手，就会甘于平庸，养成惰性，最终导致庸碌无为。许多人把对手视为心腹大患，恨不得马上除之而后快。其实反过来仔细一想，便会发现拥有一个强劲的对手，是一种福分，一种造化。强劲的对手会让你时刻有危机感，激发起你更加旺盛的精神和斗志。

这是从反面来解释为什么要善待对手，即使不是这个原因，我们也有充足的理由说明应该善待对手。

在这个越来越讲求和平、协作的年代，最高明的竞争结果是“双赢”。对手不但会带给你危机，同时也会带给你商机。

在商海中，包容对手是一种美德，也是一种气质，使你拥有别人不能拥有的。与对手共存，处处显示着你的强势、你的感召、你的大度，那么你将永远是胜利者。

化敌为友赢人心

在现实生活中，因为利害冲突或其他原因，某个人与你为敌，这时你该怎么办呢？如果针锋相对，必将使矛盾激化、冲突升级，加重双方的仇视心理，即使一方凭借权力或武力压倒对方，也只能造成压而不服或口服心不服的状况。最高明的方法是克己忍让、化敌为友，这样你不仅消除了心腹大患，还能获得真诚的拥护者。

古时候有一位国王，在领兵与敌国作战时，遇到顽强抵抗。战争非常残酷，持续了几个月之久。

一次，敌方将领想出一个“擒贼先擒王”的计策——派一位武士行刺国王。这位武士骁勇机警、行动敏捷，他躲开岗哨，想从马棚偷偷溜进国王的卧室。不料国王的马非常机灵，见有异客入侵，便嘶叫起来。这是武士事先没有想到的，他拿不准是杀马灭口、继续冒进，还是脚底抹油、赶紧开溜。

国王听见马鸣声有异，估计出了情况，便手持宝剑出来察看，发现了刺客。他一声招呼，卫兵们便蜂拥而来，向刺客扑去。行刺的武士知道此番性命难保，便想举刀自刎，可惜已经来不及了，卫兵们一拥而上，将他捆得严严实实的，扔在地上。

这时，侍卫长跑过来，一面向国王自责疏于防范，一面请示如何处置这名刺客。

国王走到武士身边，厉声问道："你是来偷马的吗?"

武士不明白是什么意思，含含糊糊地答应了一声，心里想：我是来取你性命的，怎么说我是偷马的呢?

国王回头对侍卫长说："这人一定是来偷马的。现在是战争时期，老百姓都很穷，想偷马卖钱，情有可原，把他放了吧!"

侍卫长急忙说："国王，不能放！他明明是来行刺的，不是来偷马的，应该将他就地正法。"

国王说："他明明是个偷马贼，为什么说他是刺客呢？我看他也是一条好汉，一定是迫不得已才干这种小偷小摸的事，把他放了吧!"

侍卫长无奈，只好把刺客给放了。

这件事传出去后，人们都称颂国王心胸宽广，爱惜人才，各地勇士如潮水般涌来投奔他，使得这位国王兵力大增，很快就取得了战争的胜利。后来，国王统一了北方各部，建立了一个强大的王国，这位国王就是清太祖努尔哈赤。

非常之人必有非常之量。《圣经》上说："原谅你的仇敌。"这并非道德说教，而是经验之谈，因为原谅仇敌可能带来很大的好处，但是，原谅仇敌并不是一件容易的事，一方面，人很难克制自己的仇视心理；另一方面，在操作时很难做得恰到好处——带着鄙视、不屑的心理予以原谅，反而容易成为新的仇恨的苗头。只有带着尊重的心理予以原谅，才可能完全收缴对方心中的锐器。万一你非跟某个人作对手不可，也要带着公平竞争的心理去做事，而不要带着仇视心理非消灭对手不可。

总之，我们不能带着固定的眼光看待敌友关系，不要把朋友、敌人分得太清，而应尽量与人为善，让朋友永远是朋友，把敌人也变成朋友。

积极向竞争对手学习

20世纪60年代，美国兴起了众多的零售商店，经过40多年的争斗搏杀，沃尔玛从美国中部阿肯色州的本顿维尔小城崛起，最终发展成为年收入2400多亿美元、商店总数达4000多家的大企业，创造了一个企业界的神话。

沃尔玛的成功得益于其创始人沃尔顿积极向竞争对手学习的习惯。沃尔玛的竞争对手斯特林商店开始采用金属货架代替木制货架后，沃尔顿立刻请人制作了更漂亮的金属货架，并成为全美第一家百分之百使用金属货架的杂货店。

沃尔玛的另一竞争对手富兰克特的特许经营店实施自助销售时，沃尔顿连夜乘长途汽车到该店所在地明尼苏达州去考察，回来后开设了自助销售店，当时是全美第三家。

与沃尔顿一样，李嘉诚也是一个积极向竞争对手学习的人。李嘉诚是国内外知名的企业家，曾被评为亚洲最有影响力的人。他的和记黄埔集团是全球港口业最大的经营商，业务遍及41个国家。一般人只知道李嘉诚是一个能够在商场中纵横自如的超级富豪，然而，很少人知道李嘉诚事业的转折点竟是从做“间谍”开始的。

1957 年春天，李嘉诚为了了解塑胶花产品的生产工艺，登上飞往意大利的班机去考察。他在一间小旅社安下身，就迫不及待地去寻访那家在世界上开风气之先的塑胶公司的地址，经过两天的奔波，李嘉诚风尘仆仆地来到该公司门口，但却一下子停了下来。

他知道任何一个厂家对于新产品的技术都是严格保密的。也许可以名正言顺地购买技术专利，然而，这样做的局限性也很大。一来，长江厂小本经营，绝对付不起昂贵的专利费；二来，厂家绝不会轻易出卖专利，它往往要在充分占领市场，赚得盆满钵溢，准备淘汰这项技术时方肯出手。

情急之中，李嘉诚想到了一个绝妙的办法。这家公司的塑胶厂正招聘工人，他便去报了名，被派往车间做打杂的工人。李嘉诚的主要工作是负责清除废品废料，他推着小车在厂区各个工段来回走动，双眼却恨不得把生产流程吞下去。李嘉诚收工后，急忙赶回旅店，把观察到的一切记录在笔记本上。

不久，整个生产流程他都熟悉了。可是，属于保密的技术环节还是不得而知。一天，李嘉诚邀请数位新结识的朋友，到城里的中国餐馆吃饭，这些朋友都是某一工序的技术工人。李嘉诚用英语向他们请教有关技术，佯称他打算到其他的工厂应聘技术工人。李嘉诚通过眼观耳听，大致悟出了塑胶花制作配色的技术要领。

几个月后，李嘉诚满载而归，随机到达的还有几大箱塑胶花样品和资料。临行前，塑胶花已推向市场，李嘉诚跑了好多家花店，了解销售情况。他发现绣球花最畅销，便立即买下一些绣球花作为样品。

李嘉诚回到长江塑胶厂，不动声色地把几个部门负责人和技术骨干召集到办公室，他宣布，长江厂将以塑胶花为主攻方向，一定要使其成为厂里的拳头产品，使长江厂更上一层楼。

李嘉诚在香港快人一步研制出塑胶花，填补了香港市场的空白。按理说，物以稀为贵，卖高价也在情理之中。但是，李嘉诚明察秋毫，他认为塑胶花工艺并不复杂，因此，长江厂的塑胶花一面市，其他塑胶厂势必会在极短时间内跟着模仿上市，倒不如在人无我有、独家推出的第一时间，以适中的价位迅速抢占香港的所有塑胶花市场，一举打出长江厂的旗号，掀起新的消费热潮。卖得快，必产得多，“以销促产”比“居奇为贵”更符合商界的游戏规则。这样，即使其他厂家迅速跟进，长江厂也早已站稳了脚跟，而长江厂的塑胶花也深深植入了消费者心中。

李嘉诚走“物美价廉”的销售路线，大部分经销商都非常爽快地按他的报价签订供销合约。有的为了买断权益，主动提出预付50%的定金。

李嘉诚掀起了香港消费新潮流，长江塑胶厂由一家默默无闻的小厂一下子蜚声香港塑胶界。

李嘉诚的成功固然与其独到的眼光和富有前瞻性的决策是分不开的，但是如果不是他积极向竞争对手学习，也不可能取得如此骄人的成就。

一句话感悟

对手给予我们的，不仅仅是竞争和威胁，而且还有一种求生的勇气和制胜的法宝。

7. 辩解，一切谜底都会不攻自破

不要抱怨别人的误解

尼采说："我们何须抱怨被误解，被曲解，被混淆，被中伤，被听错和未被人听到呢？这正是我们的命运啊，并且将会长期继续下去，说得保守点，也得延至1901年。不过，这也是对我们的奖赏呀，倘若我们希望别的，便不能保持自己的荣誉了！"

每个人都生活在人群中，有人的地方自然会有矛盾，有了分歧该怎么办？很多人都喜欢争吵，非要论个是非曲直。其实这种做法并不明智，吵架既伤和气又伤感情，不值得。不如大事化小、小事化了，俗话说家和万事兴，推而广之，人和也万事兴。人际交往中切不可太认死理，有时装装糊涂，于人于己都有利。

事实上，按照一般常情，任何人都不会把过去的经历轻易地从记忆中抹去。就某些方面来说，人们有时会执著于一些事情，甚至终生不忘。但是，要知道，记忆中的怨恨会越积越深，随时随地都可能反作用于自己。因此，为了避免招致别人的怨愤，要尽量少得罪人，行事须小心在意。《老子》一书中据此提出了"报怨以德"的思想。孔子也曾提出类似的话来教育弟子："以直报怨，以德报德。"其含义均是教人处世时心胸要豁达，以君子般的坦然姿态应付一切。

《老子》一书中对如何不与别人发生冲突也作了阐述。

有一次，有个人去拜访老子。到了老子家中，他看到室内凌乱不堪，心中感到吃惊。于是，他大声咒骂了一通，随后扬长而去。翌日，他又回来向老子致歉。老子淡然地说："你好像很在意智者的概念，其实对我来讲，这是毫无意义的。所以，如果昨天你说我是马的话，我也会承认的。因为别人既然这么认为，一定有他的根据，假如我顶撞回去，他一定会骂得更厉害。这就是我从来不去反驳别人的缘故。"

从这则故事，我们可以得到一些启示：在现实生活中，当双方发生矛盾或冲突时，对于别人的批评，除了虚心接受之外，还要培养毫不在意的心态。人与人之间发生矛盾的时候会很多，因此一定要心胸豁达，不要为了不值得的小事去得罪别人。而且生活中常有人喜欢论人长短，在背后说三道四，如果听到有人这样议论自己，完全不必理睬这种人。只要自己能自由自在地按自己的方式生活，又何必在意别人说些什么呢？

伟大的革命导师马克思和恩格斯是志同道合的朋友、亲密无间的战友，他们之间也曾发生过误解。那一次，恩格斯的夫人去世了，他十分悲痛，就给好朋友马克思去信告知此事。当时，马克思正忙于理论研究，没有引起注意，回信时没有提及这件事。处于痛失爱妻伤心深谷的恩格斯，渴望得到挚友的安慰和理解，马克思的忽视重重地伤害了他的心。他生气了，很长一段时间都不再给马克思写信。马克思觉得十分纳闷，便写信询问老朋友。恩格斯说明了情况，马克思才意识到自己的失误，连忙写信道歉。于是误解消除了，两人和好如初，继续为革命事业共同携手奋斗。

由此可知，误解是可以消除的，就看我们怎样做。

做人但求无愧于心

《简·爱》的作者夏洛蒂·勃朗特曾经说过：“哪怕全世界的人都恨你，都相信你坏，只要你自己问心无愧，你也不会没有朋友的。”

日本有个著名的禅学故事：有一天，禅学大师坦山与一道友走在一条不长的泥泞路上。此时，天上仍下着大雨。他俩在一个拐弯处遇到一位漂亮的女子，她身着绸布衣裳和丝质的衣带，艰难地行走在同一条泥泞路上。

“来吧，姑娘，我来帮你。”坦山说道，然后就把那位姑娘抱过了泥泞路。

道友一直闷声不响，直到天黑寄宿后，才按捺不住地对坦山说：“众所周知，出家人不近女色，特别是年轻貌美的女子，因为那是很不合适的。可你为什么偏要那样做？”

“什么？那个年轻美貌的女子？”坦山醒悟后接着说，“我早就把她放下了，你心里怎么还抱着？”

坦山是无愧的。尽管他将年轻美貌的女子抱过泥泞路很容易招致猜疑，但他心中只存助人的想法，毫无邪念。

北宋时，程颐和程颢兄弟一起出去赴宴。当妓女出来劝酒时，程颐站起来就走，程颢却尽情玩乐后才回去。

第二天，程颐好像还在为昨天的事生气。程颢心平气和地说：“昨天晚上喝酒时，座中有妓女，我的心里坦坦荡荡，没有妓女；今天我们书斋里没有妓女，你的心中却老想着妓女。”程颐自叹不如哥哥。

程颢是无愧的。尽管他身在灯红酒绿中，却有坐怀不乱的坦荡。

杨震是东汉年间有名的清官。某年，他居官荆州，发现王密才华出众，便向朝廷举荐王密为昌邑县令。数年以后，他调任路过昌邑。王密亲赴郊外迎接恩师，安顿膳宿，照顾得无微不至。晚上，王密前往杨震的官邸拜谒，他见室中无外人，立即从怀中捧出黄金，端放于杨震的案桌上，说道："恩师难得光临，特备小礼相赠，以报栽培之恩！"

"不可，不可！"杨震见状，连连摆手拒绝，语重心长地说，"以前是因为我了解你有真才实学，才推举你担当如此重任，可你这样做是太不知我的为人了。"

王密碰了钉子，但仍力争，轻声轻气地说："反正是黑天，又无外人知道。"

杨震更气了，他正色地说："你送金子与我，外人怎么会不知？即使没人知道，也是天知、地知、我知、你知！认为无人知道，就宽容自己，这是很要不得的。"

杨震是无愧的，因为他在没有旁证的条件下守身如玉，不为金钱所动。

正所谓，清者自清，浊者自浊。凡事岂能尽如人意，但求问心无愧。

无愧是一种自信，是灵魂法庭作出的公正判决。

无愧是一种诚实，既不欺人，又不自欺。

无愧是一种自律，良心是自律的准则，天凭日月，人凭良心。

无愧是一种安宁，吃得香睡得着，生平不做亏心事，半夜不怕鬼叩门。

无愧是一种坚定，只要问心无愧就可以走下去，即使遭遇狂风暴雨，依然可以傲然挺立。

一句话感悟

在别人看来，不管我们做的是好事也好，坏是也罢，只要我们做了，就不需要辩解。辩解只能把事情越弄越糟。天凭日月，人凭良心，凡事岂能皆尽人意，但求无愧于我心。

第七章　求人不如求己

——我的命运我作主

真正掌握命运的是我们自己，依赖他人是对生命的一种束缚，是一种寄生状态。英国历史学家弗劳德尔曾说过：“一棵树如果要想结出果实，必须先在土壤里扎下根。同样，一个人首先需要学会依靠自己，尊重自己，不接受他人的施舍，不等待命运的馈赠。只有在这样的基础上，才可能做出成就。”总是寄希望于他人的帮助，就会产生惰性，失去独立行动与思考能力，意志力也将被吞噬殆尽。

1. 依赖，靠谁都不如靠自己

依赖是生命的束缚

面对这个竞争而纷乱的年代，我们要有积极的人生观，发挥最大的潜能，将自己带上高峰，虽死无悔、虽败犹荣。而在整个奋斗的过程中，最大的敌人不是别人，而是自己。尤其是对那些过去曾受尽呵护，而必须独立面对未来的年轻人，他们必须战胜自己的惰性和依赖心理。这种毛病若不革除，无论有多优秀，将来也难以成功。因此，要记住：你的命运只掌握在你自己手中，你就是主宰一切的上帝。

有一个登山者，一心要登上世界第一高峰。经过多年精心的准备，他开始了登山的旅程。他是独自一人出发的，因为他希望自己能够单独获得全部荣誉。他开始向上攀登，直到天色已经暗下来。渐渐地，山上的夜晚已经格外地黑暗，登山者什么都看不见。因为有云层，月亮和星星都被云层遮住了，伸手不见五指。但登山者依然不顾一切地向上攀登着，仅有几米他就可以到达山顶了，可是他却滑倒了，并且飞速地跌落下去。在跌落的过程中，他看到的是一群群的黑影，以及迅速向下坠落的恐怖感。

他伴着极度的恐怖下坠着，他一生中的好与坏，也一幕幕地在他的脑海中重复着。

当他一心想着死亡就快要接近他的时候，忽然间，他感到被系在腰间的绳子紧紧地拉住了。于是他整个人被吊在了半空中，因为有那根绳子在拉着他。

上不着天，下不着地，真是举目无亲，求助无门，他一点办法都没有，只有大声呼叫："上帝啊，救救我吧！"

忽然间，从天上传来一个低沉的声音说道："你叫我做什么？"

"上帝！快救救我！"

"你真的相信我能够救你吗？"

"是的，我真的相信！"

"那就剪断系在你腰间的绳子。"

短暂的沉寂之后，登山者决定继续抓住那根救命的绳子。

第二天，搜救队找到了登山者已经冻得僵硬的尸体，在一根绳子上挂着。他的手依然紧紧抓着那根绳子，就在离地面不到一米的地方。

从剪断脐带那一刻起，一个新生命诞生了，每个人都只有依靠自己才能获得自由。生命所受的最大束缚来源于生命本身对"绳子"的过分依赖，"你的命运藏在你自己的胸里"，如果你只知道依恋那根"绳子"，那么，恐怕至死你都不会明白为何自己如此不值地离开这个世界。

依靠自己的力量前行

比尔·盖茨曾经说过："依赖的习惯，是阻止人们走向成功的一个个绊脚石，要想成大事你必须把它们一个个踢开。只有靠自己取得的成功，才是真正的成功。"

美国总统约翰·肯尼迪的父亲从小就注意培养儿子的精神状态与独立性格。一次他赶着马车带儿子出去玩，由于马车速度太快，小肯尼迪在一个拐弯处被甩了出去。马车停住了，小肯尼迪以为父亲会过来把他扶起来，然而父亲却坐在车上悠闲地吸起烟来。

小肯尼迪叫道："爸爸，快来帮我。"

"摔得很痛吗?"

"是的，我已经站不起来了。"小肯尼迪几乎哭着说。

"那你也要坚持站起来，重新爬上马车。"

小肯尼迪挣扎着站了起来，摇晃着走向马车，又艰难地爬上来。

父亲摇晃着鞭子问："你知道为什么让你自己站起来吗?"

小肯尼迪摇了摇头。

父亲说："人生就是如此，跌倒、爬起来、奔跑，再跌倒、再爬起来、再奔跑。任何时候都要依靠自己，没有人去扶你的。"

从那一刻起，父亲更加重视对小肯尼迪的培养，时常带着他参加一些大型的社交活动，教他如何向人打招呼、道别，怎样与不同身份的人进行交谈，怎样展示自己的风度、气质和精神面貌，怎样坚定自己的信仰等。人们问他："你每天都有很多事情要做，怎么还有精力教孩子这些琐事?"

没想到约翰·肯尼迪的父亲一语惊人："我是在训练他做总统。"

只要是一个活着的人，他就要经历成功与失败，他的前途永远掌控在自己手中。而依赖是对生命的一种束缚，是一种寄生状态。英国历史学家弗劳德曾经说过："一棵树如果要结出果实，必须先在土壤里扎下根。同样，一个人首先需要学会依靠自己、尊重自己，不接受他人的施舍，不等待命运的馈赠。只有在这样的基础上，才可能做出成就。"总是寄希望于他人的帮助，就会产生惰性，失去独立行动与思考的能力，意志力也将被吞噬。

为了训练小狮子自强独立的能力，母狮子故意将它推下山崖，让它在困境中锻炼求生的能力。面对残酷的现实，小狮子艰难地从深谷中一步一步走了出来。它变得成熟了，因为它知道了"不依靠别人，只能凭借自己的力量前进"。

多一点儿吃苦精神

有人问一位著名的艺术家，跟从他习画的那个青年人将来会不会成为一个大画家？他回答说："不，永远不会！他没有生存的苦恼，他每年都能从家里得到好几万元资助。"

这位艺术家深深懂得，人的本领是在艰苦奋斗中锻炼出来的，而在财富的蜜罐中，这种精神很难发挥出来。

翻开历史，我们可以知道，各行各业的许多成功人士，早年往往都是贫苦的孩子。成功是排除困难的结果，而生长于安逸环境中的年轻人，时常依附于他人而不靠自己的努力挣口饭吃的年轻人，自小被溺爱的年轻人，习惯躲藏在父辈羽翼下的年轻人，是很少能够成功的。富家子弟与穷苦少年相比，就像温室中的幼苗和饱受暴风骤雨吹打的松树一样，只有那些经受风雨洗礼的大树，才能看见蔚蓝的天空。

日本教育界有句名言："除了阳光和空气是大自然的赐予，其他一切都要通过劳动获得。"许多日本学生在课余时间都要去校外参加劳动挣钱，大学生勤工俭学的例子比比皆是，就连有钱人家的子弟也不例外。他们在饭店里端盘子、洗碗，在商店里当售货员，在养老院照顾老人，或者做家庭教师，以此挣得自己的学费。孩子很小的时候，父母就会给他们灌输一种思想——不要给别人添麻烦。全家人外出旅行，无论多么小的孩子，都要背上自己的小背包。别人问为什么，父母会说："他们自己的东西，应该自己来背。"

曾几何时，我们早已将吃苦精神丢弃一旁，习惯于依赖别人，等着别人搭好桥，铺好路，再牵着别人的手慢慢通过。殊不知，没有经受寒流的抽打，就不会感受到阳光的温暖；没有经受沙漠的干热，就不会体会到绿洲的清爽。

苦，可以折磨人，更可以锻炼人。学会吃苦，你才不会在困难和逆境面前乱了阵脚，无助哀叹；学会吃苦，能够让你在奋斗的路上多一分坚忍，多一些从容。

一句话感悟

一棵树如果要结出果实，必须先在土壤里扎下根。同样，一个人首先需要学会依靠自己、尊重自己，不接受他人的施舍，不等待命运的馈赠。只有在这样的基础上，才可能做出成就。

---

2. 拖延，不要总给自己开空头支票

拖延，浪费时间的最好方法

最宝贵的是时间，最被轻视的也是时间。现在的年轻人都崇尚悠闲，安于“散漫”，三三两两聚在一起能聊个天昏地暗，有什么不顺心的事能郁闷好几天，刚准备看看书，一个电话打来，就兴高采烈地随朋友逛街吃烧烤去了。他们总以为自己有用不完的时间，于是毫不怜惜地蹉跎着时间，挥霍着光阴——这是一件多么可悲、可惜的事啊！

然而，拖延时间，又是他们能做的唯一一件事，因为它是世界上最不费力的！

深夜，一个危重病人迎来了他生命中的最后一分钟，死神如期来到了他的身边。在此之前，死神的形象在他脑海中闪过几次。他对死神说："再给我一分钟好么？"死神回答："你要一分钟干什么？"他说："我想利用这一分钟看一看天，看一看地。我想利用这一分钟想一想我的朋友和我的亲人。如果运气好的话，我还可以看到一朵绽开的花。"

死神说："你的想法不错，但我不能答应。这一切都留了足够的时间让你去欣赏，你却没有像现在这样去珍惜，你看一下这份账单：在60年的生命中，你有1/3的时间在睡觉；剩下的30多年里你经常拖延时间；曾经感叹时间太慢的次数达到了10000次，平均每天一次。上学时，你拖延完成家庭作业；成人后，你抽烟、喝酒、看电视，虚掷光阴。"

"我把你的时间明细账罗列如下：做事拖延的时间从青年到老年共耗去了36500个小时，折合1520天。做事有头无尾、马马虎虎，使得事情不断地要重做，浪费了大约300多天。因为无所事事，你经常发呆；你经常埋怨、责怪别人，找借口、找理由、推卸责任；你利用工作时间和同事侃大山，把工作丢到一旁毫无顾忌；工作时间呼呼大睡，还和无聊的人煲电话粥；你参加了无数次无所用心、懒散昏睡的会议，这使你的睡眠时间远远超出了20年；你也组织了许多类似的无聊会议，使更多的人和你一样睡眠超标；还有……"

说到这里，这个危重病人就断了气。死神叹了口气说："如果你活着的时候能节约一分钟的话，你就能听完我给你记下的账单了。哎，真可惜，世人怎么都是这样，还等不到我动手就后悔死了。"

想想看，拖延真的是浪费时间、浪费生命的最好办法。

有人将拖延的行为生动地比喻为"追赶昨天的艺术"，同时也是"逃避今天的法宝"。有些事情你的确想做，绝非别人要求你做，尽管你想，但却总是拖延下去。你不去做现在可以做的事情，却想着将来某个时间来做。这样你就可以避免马上采取行动，同时你安慰自己并没有真正放弃决心。你会对自己说：“我知道我要做这件事，可是我也许会做不好或不愿意现在就做，应该准备好再做。”于是，你当然可以心安理得了。每当你需要完成某个艰苦的工作时，你都可以求助于这种所谓的“拖延法宝”。

拖延自己的时间，往往有1/3的原因是自我欺骗，另外2/3是逃避现实。之所以坚持自己这样的拖延行为，还因为你可以从中得到一些“好处”：

（1）通过拖延，你显然可以不去做那些令自己感到头疼的事，有些事情你害怕去做，有些事情你想做又害怕行动。

（2）欺骗自己的各种理由让你心安理得，因为你觉得自己还是个实干家，也许就是慢一点儿的实干家。

（3）只要能一拖再拖，你就可以永远保持现状，无须力求改进，也不必承担任何随之而来的风险。

（4）你厌倦生活，你抱怨说是其他人或一些琐事让你情绪消沉，这样你便能轻松摆脱责任，并且推卸给客观环境。

（5）你通过拖延时间，让自己在最短的时间内完成工作，如果做得不好，你会说：“我时间不够！”

（6）你找借口不做任何没把握的事情，以避免失败，这样你觉得自己还真不是个低能的人。

你和社会上千万人一样像草木般活着，遇到任何紧急事都不能当机立断，任其耽误下去。许多男女过着单身的孤单生活，就是因为他们在应该结婚的时候没有决断，错过了一次次的机会，因而耽误下来。现在，你已经感到拖延实在是个恶魔，这个恶魔真的那么难以对付？

马上行动，不必非要等到明天

德国大哲学家叔本华曾感慨地说：“有一种人总忽视现在，只寄望未来，他们以为现在不是时候，未来才更好，于是总在等待中错过了最精彩的现在。其实，这种做法简直和我在意大利看到的笨驴没两样。”之所以说是笨驴，是意大利人为了让驴更好的干活，就在磨盘前面挂一束干草，驴子就使劲加快步伐去追赶，孰不知干草永远都在面前，看得见却吃不到。虽然叔本华的比喻并非最恰当，但他就是想告诉那些永远抱着等待心理的人，这样做不合适，既然想做，就要马上行动，等待永远没有尽头。

佛教也讲“照顾当下”，因为等待明天，明天过了还有明天；等到以后，以后之后还有以后。等待中，浪费多少今朝明日；等待里，又错过多少美好的生活！

也许你没有傲人的姿色、出色的才能、高贵的出身，但是请相信，上帝给了你公平的时间。所以，别看比尔·盖茨富可敌国，别看妮可·基德曼光芒四射，任何人都是时间的产物。荣华可以无限，时间却是有限的；生命虽然有限，精彩却可以无限。

瑞秋是大学艺术团的歌剧演员。在一次校际演讲比赛中，她向人们展示了一个最为璀璨的梦想：大学毕业后，先去欧洲旅游一年，然后要在纽约百老汇中成为一名优秀的主角。当天下午，瑞秋的心理学老师找到她，尖锐地问：“你今天去百老汇跟毕业后去有什么差别?”瑞秋仔细一想：“是呀，大学生活并不能帮我争取到去百老汇工作的机会。”于是，瑞秋决定下学期就去百老汇闯荡。

老师紧追不舍地问：“你下学期去跟今天去，有什么不一样?”瑞秋激动不已，她情不自禁地说：“好，给我一个星期的时间准备一下，我就出发。”老师步步紧逼：“所有的生活用品在百老汇都能买到，你一个星期以后去和今天去有什么差别?”

瑞秋终于双眼盈泪地说：“好，我明天就去。”老师赞许地点点头。第二天，瑞秋就飞赴全世界最巅峰的艺术殿堂——美国百老汇。当时，百老汇的制片人正在酝酿一部经典剧目，几百名各国艺术家前去应征主角。按当时的应聘步骤，是先挑出10个左右的候选人，然后让这些人按剧本的要求演绎一段主角的对白。这意味着要经过百里挑一的两轮艰苦角逐才能胜出。瑞秋到了纽约后，费尽周折，从一个化妆师手里要到了将排的剧本。这以后的两天中，瑞秋闭门苦读，悄悄演练。正式面试那天，瑞秋是第48个出场的，当制片人要她说说自己的表演经历时，瑞秋嫣然一笑。当制片人听到传进自己耳朵的声音，竟然是将要排演的剧目对白，而且面前的这个姑娘感情如此真挚、表演如此惟妙惟肖时，他惊呆了！他马上通知工作人员结束面试，主角非瑞秋莫属。就这样，瑞秋来到纽约的第一天就顺利地进入了百老汇，穿上了她人生中的第一双红舞鞋。

有时候，我们也并不清楚自己在等什么，要等到什么时候。总认为还有时间，总觉得不是最重要的，总是一拖再拖。我们总在说：等到如何如何以后，就可以怎样怎样……我们一直在给幸福开空头支票，总是一等再等。等到诺言落空、头发花白，我们的机缘也就失去了。

岁月如梭，时间一刻不停地悄然流逝，绝不复返。每一个人都应细细琢磨自己的宝贵一生究竟还能剩下多少有效的时间。一寸光阴一寸金，我们没有理由因拖延而降低生命质量和生活品质。我们要尽早奋发，工作、学习、事业等都要趁早努力拼搏，抓住大好的青春年华，发扬只争朝夕的精神，过得无怨无悔，充实快乐，有所作为，乃至创造奇迹。只要你下定决心去做，无论结果如何，你都不会后悔。不论你是年轻旺盛的青年，还是白发苍苍的老人，生命都会因为你的奋斗而精彩。

克服拖延的有效办法

有一种习惯叫拖延，有了这种习惯，你便会把事情拖到最后一分钟才去完成，它会是你生活和工作中最大的一个问题。错失机会，工作狂乱，压力巨大，自暴自弃，怨天尤人，充满罪恶感，这些只是拖延的一些病症。

如果你希望自己成为一名行动者，那么，你必须从今天开始做起，也唯有从今天开始做起！

著名作家玛丽亚·埃奇沃斯对于“从今天做起”而不是“从明天开始”的重要性有着深刻的见解。她在自己的作品中写道：“如果不趁着一股新鲜劲儿，今天就执行自己的想法，那么，明天也不可能有机会将它们付诸实践；它们或者在你的忙忙碌碌中消散、消失和消亡，或者陷入和迷失在好逸恶劳的泥沼之中。”

Atari公司的创始人、电子游戏之父诺兰·布歇尔在被问及企业家的成功之路时，这样回答道：“关键在于抛开自己的懒惰，去做点什么，就这么简单。很多人都有很好的想法，但是只有很少的人会立刻着手付诸实践。不是明天，不是下星期，就在今天。真正的企业家是一位行动者，而不是什么空想家。”

从空想家到行动者的转变不可能不痛不痒，需要付出极大的努力才能得以实现。为此，你不妨采取以下几种方法：

——为自己规定一个期限，但不要暗地里规定一个期限，这样很容易被人忽视。要让其他人都知道你的期限，并且期望你能如期完成。

——你应该在纸上写下你要做的事，把最严重的后果写出来，而不是写些无关痛痒的东西。每天拿出纸条来检视一下，看看自己有没有完成要做的事，问一下自己：“我离最坏的结果还有多远？”

——不要等到万事俱备以后才去做，永远没有绝对完美的事。

——认真审视一下自己的生活，现在就去做你觉得最紧迫的事情。

——在拖延的时候惩罚自己。比如你今天还是没有按时起床，那么你应该狠狠抽一下自己的脸或是用力扔掉你的闹铃。如果你没能按时完成你的既定工作，那么就取消一顿丰盛的午餐或晚餐作为惩罚。当你能够自动而不拖延地做事时，你就不会像驴和马一样，在别人的鞭策和命令下生活。

——不要再使用“希望”、“但愿”、“或许”等词，因为这些词会促使你拖延时间。每当你发觉自己的话里又出现这几个词时，就应该改变自己的话。

明日复明日，明日何其多。在时间的河流中，我们永远不要因为拖延而将自己的人生之船搁浅，时间永远不会等着你的下一步行动，一旦你停下来，再迈步时踏上的很可能是毁灭的开端。

一句话感悟

在竞争日益激烈的今天，时间就是金钱。不合理的利用时间都是等于慢行自杀！

3. 犹豫，看准了就动手

做事不能犹豫不决

雷厉风行难免会犯错误，但总比什么也不敢做强。安德鲁说：“做事应考虑，但时机既至，即须动手，切莫犹豫。成功永远垂青有准备的人。”要想成大事，就不能犹豫不决，拖泥带水，当断不断，反受其乱。

人生没有太多的时间去犹豫徘徊，因为在你犹豫徘徊时，别人已经跑到了你的前面。犹豫是生命中最大的惰性因素，在我们对成功与失败难以把握时，它往往把失败的原因都一股脑地推到我们面前，从而把选择的砝码加重到失败一方，使我们与成功失之交臂。

司马迁评价春申君说，当断不断，反受其乱。古时候的故事，对于今人来说也有值得借鉴的地方。古人给我们留下来的这些智慧结晶，都在告诫我们做事要果断，一旦选定了方向就不能犹豫不决。

第二次世界大战期间，艾森豪威尔指挥的英美联军正准备横渡英吉利海峡，在法国诺曼底登陆，展开对德战争的另一个阶段。当时，诺曼底登陆战的所有准备工作都已就绪，这时候，英吉利海峡却阴云密布、巨浪滔天，数千艘船舰只好退回海湾，等待海上风平浪静。这么一等，足足等了4天，天空像是被闪电劈开了一条裂缝，倾盆大雨连绵不绝。数十万名士兵被困在岸上，进退两难，每日所消耗的经费、物资，实在不是小数。将士们心急如焚，而且时间拖得久了，德国人也会察觉，从而使盟军数月的努力付之东流。6月4日晚，气象主任斯泰格上校报告说：从6月5日夜间开始，天气可能短暂变好，到6月6日夜间，很快又要变坏。是在6月6日行动，还是继续延期？艾森豪威尔一时也难以决定。参谋长史密斯认为：“这是一场赌博，但这可能是一场最好的赌博。”艾森豪威尔也明白这是千载难逢的好机会，可以攻敌于不备，只是这当中也暗藏危机，万一气候不如预期那么快好转，很可能就会全军覆没。

最后，艾森豪威尔下定决心：“我确信，是到了该下达命令的时候了。”艾森豪威尔经过慎重的考虑之后，做出了他一生中最重要的一个决定，“霸王”行动将按计划在6月6日实施。他在日志中写下：“我决定在此时此地发动进攻，是根据所得到最好的情报做出的决定……如果事后有人谴责这次的行动或追究责任，那么，一切责任应该由我一个人承担。”幸运的是，他最终赢得了这场赌局。事实证明，艾森豪威尔的决策是对的：仅在第一天，盟军就有15万多人成功登上诺曼底；而10余天后，英吉利海峡的天气“是20年来最坏的天气”，暴风雨甚至毁掉了一座人工港湾。

人生总要经历很多事情，有好的也有坏的，当你无法选择的时候，一定要果断地放弃，千万不可犹豫不决，害了自己才后悔。

在决策上，还有这样一个事例，美国奇异公司的前CEO威尔迅曾经把许多业绩不佳，名次排在业界前两名以外的事业部门关闭。同样，某家美国银行把700多亿元的不良资产出售给资产管理公司。当他们做出选择和放弃时，都是痛苦的，但是为了整体的利益，经营者必须当机立断，拿出勇气和魄力做出果断的决定，才有机会重新开始，获得新生。

但是，在现实生活中具有这种优秀品质的人并不是很多，相反，很多人在关键时刻左顾右盼，进退两难，在这种情况下错过了时机。作为一名成功的领导者，一定要雷厉风行，才不会陷入左右为难的境地。个人成长过程中面对选择与取舍时，也要学会在思考后当机立断。只有这样才不会拖延时间与机遇，提升企业与个人的效率。

先哲曾说过这样一句名言：“犹豫不决是以无知为基础的。”这是因为这类人对事物、对工作的处理方式，总是缺乏快速、敏捷的分析与判断，对工作缺乏全局的理解和判断，不能审时度势，不能抓住问题的要害，因而显得非常没有效率。

所以，英国大文学家莎士比亚说得好：“智虑是勇敢的最大要素。”而犹豫不决是效率的敌人，也是成功的障碍。俗话说得好：“机不可失，失不再来。”在患得患失之后，你会发现机会已经溜走了，这时，再埋怨和懊恼又有什么用呢？有勇气、有智慧、有胆略的人是不会犹豫不决的，他们懂得把握机会、速战速决，效率是高效能人士的追求目标，只有牢牢把握住效率的先机，才会与成功越来越接近。

理想面前，行动第一

有了理想就要立即行动，如果你时时想到“现在”，就会完成许多事情；如果常想“将来有一天”或“将来什么时候”，那么即便有了大的理想和抱负，也终将一事无成。

理想是成功的起跑线，决心则是起跑时的枪声，行动犹如跑步者全力的奔驰，唯有立马行动并坚持到最后，才能获得成功的金牌。

一个没有行动力的人，他们往往刚开始时都拥有远大的理想，但因缺乏立即行动的惯性，理想于是开始萎缩，种种消极与不可能的思想衍生，甚至不敢再存任何理想，于是过着随遇而安、乐天知命的平庸生活。这也是为何成功者总是占少数的原因。

有一个幽默大师曾说：“每天最大的困难是离开温暖的被窝，走到冰冷的房间。”他说的不错。当你躺在床上不舍得放弃一时的享受时，成功就真的变成了一件困难的事。即使这么简单的起床动作，即把棉被掀开，同时把脚伸到地上的自然反应，都可以击退你的决心。

那些成功的人物都不会等到精神好了才去做事，而是推动自己的精神去做事。

“现在”这个词对于成功妙用无穷，而用“明天”、“下个礼拜”、“以后”、“将来某个时候”或“有一天”，往往就是“永远做不到”的同义词。很多好计划没有实现，只是因为应该说“我现在就去做，马上开始”的时候，却说“我将来有一天会开始去做”。

用最简单的例子最好证明“现在就开始行动”的好处。比如说储蓄，储蓄是一件很简单的事，且人人都认为这是一件好事。许多人都想储蓄，但到了该行动的时候，大多数人会说：“现在钱太少，如果还要存钱的话，就要放弃购买很多东西，生活就会过得紧凑起来。”于是总是对自己说：“等钱多了宽裕点了再存，等等吧，以后再说。”可见，储蓄虽然简单，但并不表示人人都能放弃眼前的享受而采取行动。

杰西·欧文斯曾被称为“跑得最快的人”。他出身在克利夫兰一个“物质贫乏、精神富有”的家庭。一天，一位知名运动员到杰西所在的学校给孩子们演讲，他叫查理·帕多克，曾经被体育记者称作“活着的跑得最快的人”。

帕多克与孩子们交谈时说：“你们想要做什么？说出来，相信上帝会帮助你实现。”

小杰西看着帕多克，想道：我要做像查理·帕多克这样的人。

演讲结束后，在心中英雄的激励下，杰西跑到运动教练那儿说：“教练，我有一个志向！”

教练看着这个瘦得皮包骨似的黑皮肤男孩，问道：“你的志向是什么，孩子？”

“我要像帕多克先生那样，成为跑得最快的人。”

“杰西，有一个志向很好，但要实现志向，你得要有阶梯。”教练语重心长地说，“第一级是决心，第二级是投入，第三级是自律，第四级是心态。”

杰西·欧文斯把自己的脚伸向第一级，在大脑里下了第一个决定：不管面对多么大的挑战，决不放弃。随后，他投入了艰苦的训练中，从未有一刻放松自己，挫折、失败进一步激励了他的斗志。后来，杰西·欧文斯果真成了100米比赛中跑得最快的人，在奥运会上获得了4枚金牌。

你打算什么时候实现梦想呢？你在等什么？还有什么没准备好？你在等待别人的帮助还是等待时机成熟？如果想做，就立刻行动。这是所有成功人士的共识。

千万不要把希望寄托在明天，希望永远都在今天，希望就在现在。立即行动！只有行动才会让你的梦想变成现实。立即行动！只有大量的行动，才会让你不断超越对手，超越自己。

看准了就采取行动

人的生命是有限的，就像流星划过天际，很短暂。让我们来算一笔账，假设一个人的寿命是75岁，除去他的少年时代，也就是从18岁成年开始计算，每天除去吃饭、睡觉以及其他因素得用掉大约10年的时间，就只剩下不到50年的时间。也就是说，我们所有的目标都要在这短短的50年内去完成，此外还要除去一些例外因素，如生病等，剩余的时间就更少了。所以，我们每个人都应该抓紧时间去完成自己的梦想，不应该再让自己荒废时间。

中国有句古话，叫做“机不可失，时不再来”。意思是说机遇是转瞬即逝的，在它到来时一定要紧紧抓住，否则就不会再有机会了。这就要求我们要养成立即行动的习惯。

美国钢铁大王安德鲁·卡耐基说：“当你畏首畏尾不敢迈动哪怕是极小的一步时，滚滚的财源正在从你的脚下悄悄地溜走。机遇往往有这样的特点，它是意外突然地来临，又会像电光石火那样稍纵即逝。这个特征要求人们在资料、信息、证据不是很充足，而又来不及做更多搜集、分析的情况下，做出决断。否则，有机不遇，悔恨莫及。”

拉文是个犹太人，犹太人喜爱经商的传统在他身上得到了淋漓尽致的发挥。当他刚刚踏上美国土地时，他为自己定下了10年内赚到10亿美元的目标，而当时他的口袋里只有两万美元。除了他自己，没有人把这句话当真，谁都认为这是不知深浅的毛头小伙子的梦话，但他按着这个设想去做了。

后来的事实证明，他的口气确实是大了些，当他成为10亿美元的富翁时已花了15年，而不是10年。但谁又能说他不是一个了不起的人呢？当他下定决心要做某件事的时候，就如同时刻准备出击的猎犬，任何一点小小的动静都会让他竖起警觉的耳朵。

拉文白天在证券交易所做事。到了晚上，他在一个小型补习班讲授希伯来语赚钱。一天晚上，拉文给补习班讲完课回家，在路上遇到一位叫伯森的学生家长。这个人正在做股票生意。两人攀谈起来，他们从股票的价位，谈到希伯来语，最后，伯森谈起他投资的一家公司。

这家公司是一家较大的企业，它有最新的生产设备，有宽敞的现代化厂房。可是，它一直是个冷门公司，经营几年下来，还是没有多大的起色。这家公司也有股票上市，但是股票价位始终高不起来。

不过，几年来，这家公司虽然没有多大的发展，但始终保持稳定的收益，大部分股东都把股票当做储蓄存款放在那里。该公司的股票在市面上流通的数量不多，买卖也不火。

通过和伯森的谈话，拉文感到这是个机会，梦想中的财富就要出现了。于是，他伸手抓住了它。他认为伯森是公司的主要股东之一，如果利用伯森对该公司的厌倦心理，也许可以营造一种对自己有益的“气候”。于是，他充分发挥这次谈话的效力，使伯森甘愿让他帮忙把所持的股票尽早脱手。

拉文灵巧利用了一些微妙的关系，终于从伯森手中取得了价值百万元的股票。随后，他又在股票已经下跌的形势下，用比当时议价低5%的现款付清了伯森的其余股款。伯森虽然吃了10万美元的亏，但他仍庆幸自己把全部股票脱手了。实际上，股票的价格不可能长时间大幅度下跌，因为这种股票的实际价值已经超过了市价。

拉文以伯森的股份融资，收购了那些小股东急于脱手的股票。当股票跃为热门股时，拉文已经拥有该公司53%的股权。于是，他马上发起临时股东大会，并顺利当选为董事长。拉文走马上任之后，把公司的名称改为“美国速度公司”。他决定将美国速度公司作为自己发展的大本营。

拉文迈出了至关重要的一步，但这离他心目中的10亿美元还有很大的差距，他必须雄心勃勃地干下去。

他选中了 MMG 公司，这是一家拥有多种销售网络，多样化经营的公司。拉文走进了这家公司。在进入 MMG 公司一年多的时间里，拉文充分发挥了他的经营才能，在他的努力下，该公司的营业额扩大了 2 倍多。不久，该公司的主要负责人有意要退休，拉文又不失时机地买下了它，并把它置于自己原来公司的控制之下。

当时，MMG 公司的另一个大股东是联合公司，这也是一家拥有几个连锁销售网的母公司。拉文把 MMG 公司的股权转卖给联合公司，而从另外的渠道获得了联合公司的控制权。

至此，拉文心目中的“大帝国”已经略有眉目，他把注意力从一个城市转到全美国，凡是他认为有利可图的企业，都设法插上一脚，他的企业像滚雪球似的发展起来。

拉文的经历告诉我们，不管前面遇到的是什么，强烈的欲望都会给我们无穷无尽的动力，不达目的，它是不会让我们停下脚步的。

一句话感悟

当今世界日新月异。面对稍纵即逝的机会，我们决不能犹豫，更不能拖延。因为它们是效率的敌人，也是成功的障碍。只有立即行动，速战速决才是将机会转换成财富的唯一途径。

4. 嘲笑，一笑而过才是最好的结果

有人笑你时，和他一起笑

生活中，总有这样一种人，别人疗伤，他在一边窃喜，拿别人的缺点或过失炒作，且不厌其烦而内心雀跃。

1975年5月，福特总统到奥地利访问。当飞机抵达萨尔茨堡，他走下舷梯时，皮鞋碰到一个隆起的地方，他脚一滑就跌倒在跑道上。他跳了起来，没有受伤，但使他惊奇的是，记者们竟把他这次跌倒当成一个大新闻，大肆渲染起来。同一天，他又在丽希丹宫被雨淋滑了的长梯上滑倒了两次，险些跌下来。随即一个奇妙的传说散播开了：福特总统笨手笨脚，行动不灵敏。

自萨尔茨堡以后，福特每次跌跤或者撞伤头部或者跌倒在雪地上，记者们总是添油加醋地把消息向世界报道。后来，竟然反过来，他不跌跤也变成新闻了。哥伦比亚广播公司曾这样报道说：“我一直在等待着总统撞伤头部，或者扭伤胫骨，或者受点轻伤之类的来吸引读者。”记者们如此渲染似乎想让人形成一种印象：福特总统是个行动笨拙的人。电视节目主持人还在电视中和福特总统开玩笑，喜剧演员切维·蔡斯甚至在“星期六现场直播”节目里模仿总统滑倒和跌跤的动作。

“我是一个活动家，”福特抗议道，“活动家比任何人都容易跌跤。”

福特总统就这样，对别人的玩笑总是一笑了之。1976年3月，他还在华盛顿广播电视记者协会年会上和切维·蔡斯同台表演过。节目开始，蔡斯先出场。当乐队奏起“向总统致敬”的乐曲时，他“绊”了一脚，跌倒在歌舞厅的地板上，从一端滑到另一端，头部撞到讲台上。此时，每个在场的人都捧腹大笑，福特也跟着笑了。

当轮到福特出场时，蔡斯站了起来，佯装被餐桌布缠住了，弄得碟子和银餐具纷纷落地。蔡斯装出要把演讲稿放在乐队指挥台上，可一不留神，稿纸掉了，撒得满地都是。众人哄堂大笑，福特却满不在乎地说：“蔡斯先生，你是个非常非常滑稽的演员。”

面对嘲笑，最忌讳的做法是勃然大怒，大骂一通，其结果会让嘲笑之声越来越炽。要让嘲笑自然平息，最好的办法是一笑了之。一个满怀计划的人，不会去考虑别人多余的想法，而是有风度、有气概地接受一切非难与嘲笑。面对嘲笑（如果富尔顿涉及拿破仑的身高是嘲笑的话），拿破仑就不像福特总统这么大度了。

1803 年，年轻的美国发明家富尔顿，在塞纳河上建造了第一艘以蒸汽机为动力的轮船。同年 8 月，当他获悉拿破仑要越过英吉利海峡对英作战时，富尔顿兴致勃勃地前来推销自己的蒸汽动力船。若不是他在滔滔不绝中失口说错了一句话，拿破仑说不定会采纳他的建议，果真如此，拿破仑的后半生及法国的历史也许都要重写。

当时，拿破仑的海军已堪称强大，只是舰船大多是木质结构的，航行基本上靠风帆作动力。而他的对手英国人，早已用上了蒸汽驱动船，这使拿破仑与英军统帅纳尔逊对阵时，常常感到英雄气短。他已经听说富尔顿的蒸汽船在塞纳河上演示时出了洋相，但这种全新动力的海上装置还是让拿破仑很感兴趣，他决定听一听富尔顿的介绍。

富尔顿滔滔不绝地说：“一台 20 马力的蒸汽机可以抵得上 20 面鼓满的风帆，陛下的舰队再也不必呆在港口里等待好天气出航了，到时，不要说是纳尔逊，就是飞梭也跑不过陛下，等到您旗开得胜的时候，就是这个世界上最高大的人了……”富尔顿一不留神说漏了嘴，触到了拿破仑最忌讳的身材高矮问题。这就好比当着秃子说灯亮，当着盲者比视力。刚才还在认真倾听的拿破仑顿时沉了脸，他截住富尔顿的话头说：“你只说船快，却只字不提铁板、蒸汽机和煤的重量，我不说你是个骗子，你也是个十足的傻瓜!”

拿破仑因此没有购买富尔顿的船。

1812 年，英国人购买了富尔顿的轮船专利。19 世纪 40 年代，船侧轮桨逐渐被更先进的船尾螺旋桨取代，英国的海上霸权以它的船坚炮利得到了巩固，而法国则被远远地甩到了后面。

后来的军事评论家不无遗憾地认为：如果拿破仑当时稍微控制一下自己的情绪，接受富尔顿的建议，用强大的蒸汽机舰队打败英国，那么，19 世纪以后的欧洲历史将完全是另一个样子。

因为一句错话而丧失了介绍轮船的机会，富尔顿损失不小，但损失更大的则是拿破仑，富尔顿的话只是无意间说起，但它却踩到了拿破仑的痛处，难怪本来听得兴致勃勃的他脸上立即阴云密布。这使他最终没有购买轮船的专利，但他也因此丧失了壮大法国海军的机会。

当别人对我们面露嘲讽时（不管是有意还是无意），你会怎么办?与其反唇相讥，倒不如把嘲笑照单全收，不必去计较别人的动机。如果别人嘲讽的确实是事实，你改正了，得益的反而是你自己，到那时，你还应去感谢他呢。

安然面对嘲笑是一种大智慧

以正常人的心理，谁都不愿意被别人嘲笑，所以人们往往谨言慎行，生怕一不小心成了别人的笑柄。这样的人我们都该称之为聪明人，但他未必有大智慧。真正的大智慧者是不怕别人嘲笑的。

愚公是大智慧者，他不怕智叟嘲笑，因为他心中有一个大目标，他一定要把门前的两座大山搬掉。于是他便持之以恒，动员起一切力量，每天挖山不止。最后他成功了。古代的智叟只嘲笑愚公的年老体弱，而现代的“智叟”们却开始嘲笑愚公的愚不可及了：“你看他多傻呀，干嘛要搬山啊？把家一搬，人一走了之不就完了嘛！真是，哈哈……”说这话的人真是聪明到家了，聪明到连古代寓言的寓意都要篡改，聪明到一遇到困难就要“搬家”，难怪他们心无定力，朝三暮四，到头来总是一事无成。被这样的人嘲笑，我们又何必脸红心跳、垂头丧气呢？如果我们能够安然接受这种人的嘲笑，不是大智慧吗？

有这样一则寓言：一群青蛙在高塔下玩耍，其中一只青蛙建议：“我们一起爬到塔尖上去玩玩吧。”众青蛙都很赞同，于是它们便呼朋唤友地相伴着往塔上爬。爬着爬着，有聪明者觉得不对：“我们这是干嘛呢，又干渴又劳累的，我们费劲爬它干嘛！”大家都觉得它说的不错。于是 1 只青蛙停下来了，3 只青蛙停下来了，5 只、10 只……慢慢地几乎全部青蛙都停下来了，只剩下一只最小的青蛙还在缓慢地坚持着。它不管众青蛙怎样在下面鼓鼓噪噪地嘲笑它傻，就是坚持不停地爬，过了很长时间，它终于爬到了塔尖。这时，众青蛙不再嘲笑它了，内心里都很佩服它。

寓言最后说，原来小青蛙是一个聋子！它根本就听不见众青蛙的议论和嘲笑。

我们不妨设想一下：假如小青蛙不是聋子，听到别人的议论它还会冒着干渴和劳累继续往上爬吗？在别人的嘲笑声中，它还能安然如初地坚持自己的目标吗？

在生活中，我们常常会遇到被别人嘲笑的情况：你不善于逢迎往来，别人会笑你不识时务；你不擅长交际辞令，别人会笑你愚讷呆笨；甚至连你不会搞点阴谋诡计，别人都可能笑你“直肠子一个”；更不用说你的自我牺牲，你的任劳任怨，你的埋头苦干，别人都可能会笑你落后于时代。在这样的嘲笑面前，一些人变得“聪明”了，逐渐地磨没了棱角，消逝了锐气，泯灭了激情，最后淹没在由无数“聪明人”所汇成的滚滚红尘里终老一生。

与此相反，真正的大智慧者，能够以内心的定力和执著，在别人的嘲笑声中安然自若，他们外观于天地，内观于自心，为了把心中那片肥沃的土地耕耘得鲜花灿烂、硕果斐然而矢志不移，这样的人有能力把嘲笑变成赞歌。

成功是最有力的还击

默文·格里芬曾是美国旧金山人气最旺的年轻歌手，他的声音被称为“美国浪漫之声”。全加州的女孩都渴望见他一面，为此不惜任何代价。然而，歌迷们却从未见过他的庐山真面目，甚至连照片也没有看到过。

他4岁的时候曾坚信自己会成为伟大的钢琴家，整个童年他都在演奏各种经典曲目。十几岁时他不得不面对冷酷的现实。当时，三餐稳定的音乐人都是有商业头脑的人，而且他们多数在搞流行音乐。无奈，他放弃了古典音乐，去旧金山 KFRC 流行乐电台申请做乐手。

电台主管也承认这个来应聘的18岁少年弹得一手好琴，可惜钢琴手的空缺已经有人补上了，但他们还缺一个歌手。

“唱过歌吗?”电台主管问。少年腼腆地说，自己在唱诗班里当过男高音。

“那就唱一下吧。”

他照办了。他那甜美动人的嗓音、宽阔的音域、完美的节奏，听得在场的人如痴如醉。

“周一来上班吧!”时光飞逝，很快 KFRC 电台便收到了歌迷们热情洋溢的信——全是写给他这个新来的民谣歌手的。老板看到商机，大力宣传，不久，18岁的男高音成了大红大紫的“美国浪漫之声”。他就是默文·格里芬。

歌迷的信越来越多，听过他的歌的女孩子都爱上了那个声音，写信求电台给她们寄一张歌手的签名照。

然而，照片是万万不能给的，他很清楚为什么。那样会使他尴尬，更会使歌迷失望。电台老板显然也意识到了这个问题，从一开始就谢绝外界采访，把他藏得密不透风。他金色的歌声注定要永远做电波的囚徒——如果不是有一天，一个女歌迷让他的“秘密”大白天下。

她是他的千万个崇拜者中的一个，想方设法混进了电台办公楼。女歌迷拦住一名工作人员问路，这人恰恰是他。别误会，接下来发生的不是爱情故事。年轻人满面通红地嘟囔了几句，正准备溜走，刚巧有个不知内情的同事迎面走过，叫出了他的名字。女歌迷惊呆了，随即放声大笑——“美国浪漫之声”竟然是体重足有 230 多斤的肥胖症患者。

听说此事后，电台老板大为恼火，准备请律师控告那个女歌迷。多亏年轻人婉言相劝，上告一事才不了了之。然而，那肆无忌惮的嘲笑声，却久久回荡在年轻人耳边。他知道，要想事业更上一层楼，就必须锻炼减肥。经过艰苦的训练和严格的节食，一个健康、挺拔的年轻人出现在观众面前。很快，人们发现他的表演才能远胜于唱歌。36 年后，很多歌迷早已忘记了“美国浪漫之声”，但默文·格里芬的电视节目却尽人皆知。

历史和现实总结出一个答案：嘲笑是意志的大蠹，嘲笑是事业的天敌，嘲笑是前进的羁绊；而成功的花环属于那些面对嘲笑而嗤之以鼻的人，属于那些面对嘲笑依然奋进的人。

一句话感悟

真正的智者，足以保持内心的淡定与宁静，在别人的嘲笑声中安然自若。他们外观于天地，内观于自心，为了把心中那片沃土耕耘得鲜花灿烂，硕果累累而矢志不渝，并把他人的嘲笑当成生命的赞歌。

---

5. 羞怯，就是懦弱

不要让羞怯妨碍你的成功

有一个刚毕业的女孩，到了新的单位后，由于性格内向，不善交际，不仅在公司里和同事没什么话说，而且有时还让别人误会了她。

因为她工作很认真，又不怎么爱说话，所以同事们有棘手的任务总丢给她去做。她有时候很想拒绝，但又不知道怎么说出口，也害怕同事对她有意见。

有一次，她在做一个同事丢给她的策划方案的时候，写错了一个数据，导致操作时发现产品成本上升了不少。这个方案本不属于她的份内事，但是错误却是她造成的，领导批评她的时候，她非常想解释，但是总没有勇气为自己辩解。她害怕看到同事鄙视的眼神，以及老板瞪大的眼睛。

她的内心充满了苦闷和烦恼，经常感到迷惘、失望，甚至不愿意去上班，只想一个人待在家里。

生活中，像这个女孩一样在人际交往中陷入困境的人非常多。性格内向、不自信是导致他们陷入困境的主要原因。从心理学的角度看，这是一种害羞的人格特质。只要在社交场合，就会感觉到不自在、紧张，逃避与他人接触。他们在路上看到熟人时，如果对方没看到他们，他们也不会主动上前打招呼，而是装作没看见，或故意躲避；即使与人说话也不敢与人对视，跟人说话的时候声音非常小，一讲话就会脸红舌头僵硬。尽管他们也想多交朋友，但是表现出来的举动却让人觉得他们不愿多交往。

通过下面的举例，你可以确定你是否有害羞倾向：

——与陌生人讲话对你来说是一件很困难的事。

——与人交往时，你常常感到不自信。

——在社交场合，你会感到不自在。

——与不是亲密朋友的人在一起时，你感到紧张。

如果你经常有上面的感觉，那么你就是一个有害羞心理的人。轻度的害羞是正常的，但是过度害羞不仅影响你的社交，还影响到你的身体和心理健康，让你感到压抑、孤独、恐惧和缺乏自尊。

南京一名公务员有一次向领导汇报工作时，突然感到面热喉紧，呼吸急促，胸闷心慌，以至于说不出话来。此后，她害怕开会，见熟人紧张脸红，不愿与人交往，患了“社交恐惧症”。

既然意识到自己的腼腆给自己带来如此多的烦恼，那么就从现在起，大胆一点，训练自己的社交能力。

（1）要对自己的社交能力有信心

英国哲学家黑格尔说过：“人应尊重自己，并应自视能配得上最高尚的东西。”对于怕羞的人来说，千万不要为自己的短处紧张，恰恰相反，应经常想到自己的长处，要深信“天生我材必有用”，要培养自信心，相信只要真诚，付出努力，必定能得到他人的认可。

（2）不要害怕别人的评论

仔细分析那些害怕在大庭广众中讲话，羞于与人打交道的人，便不难发现，他们最怕得到别人否定的评价。这样越怕越羞，越羞越怕，形成恶性循环。其实，“哪个人后无人说”，被人评论是正常的事，不必过分看重。有时，否定的评价还有可能成为激励你的动力呢。

（3）有意锻炼自己

开始可以在熟人中多发言，然后在熟人多、生人少的范围内练习，再发展到生人多、熟人少的场合，循序渐进，逐步增加对羞怯的心理抵抗力。每到一个新场合之前，事先做好充分准备，增强信心，提高勇气。总之，要有意识地锻炼自己。

只有与人接触、交谈和相互了解，才会萌发感情和建立友谊，才能找到知己。当你全身心地投入到集体活动中时，同志的友情，集体的温暖，娱乐的兴奋，会令你忘却生活的烦恼、压力，也没有了不安全感和孤独感，不仅有利于身心放松，更会因此建立情绪的良性循环，促进心理健康。

（4）学会自我暗示法

每当在陌生场合感觉紧张时，可用暗示法镇静情绪，比如把生人当熟人一样看待，羞怯心理就能减少大半。当在陌生场合勇敢地讲出第一句话之后，随之而来的很可能就是流利的谈吐了。用自我暗示法突破起初的阻力，是克服羞怯的一种有效措施。

只要你敢于对羞怯说“不怕”，并勇于在实践中克服它，就会走出羞怯的低谷，成为落落大方的人。

被人拒绝的时候也是你成熟的时候

被别人拒绝，一次、两次甚至不知道多少次，刚开始也许我们还能承受，但几次三番下来，我们的自尊心会有一种被撕裂般的痛苦及上进心遭受毁灭般打击的沮丧。其实，每个人都有可能拒绝别人或被人拒绝，这是很正常的事。因此，当被人拒绝时，要紧的是豁达、理智、想得开，不可因之而抑郁痛苦，万念俱灰。

曾有一本畅销书提到：美国麻省理工学院进行过一个有趣的实验，研究人员用铁圈将一个小南瓜整个箍住，以观察南瓜逐渐长大时，对这个铁圈产生的压力有多大。研究人员希望了解南瓜在这个过程中与铁圈互动产生多少的力道，以便了解南瓜能够承受多大的压力。

最初他们估计，南瓜最多能够承受大约500磅的压力。最后当研究结束时，整个南瓜承受了超过5000磅的压力瓜皮才破裂。他们打开南瓜，发现它中间布满了坚韧牢固的层层纤维，试图突破包围它的铁圈。为了吸收充足的养分，以便突破限制它成长的铁圈，其根部延展范围令人吃惊，所有的根都往不同的方向伸展，最后这个南瓜独自接管控制了整个花园的土壤与资源。

我们对于自己能够变得多么坚强都毫无概念。假如南瓜能够承受如此巨大的外力，那么，人类在相同的环境下又能够承受多少压力呢？只要敢于在充满荆棘的道路上奋进，大多数人都能够承受超过我们所认为的压力。

桑德斯上校是“肯德基炸鸡”连锁店的创办人，他在年龄高达65岁时才开始从事这个事业。那时他身无分文且孑然一身，当他拿到生平第一张救济金支票时，金额只有105美元，内心实在是极度沮丧。他不怪这个社会，也未写信去骂国会，仅是心平气和地自问：“到底我对人们能作出何种贡献呢？我有什么可以回馈的呢？”随之，他便思量起自己的所有，试图找出可为之处。

头一个浮上他心头的答案是：“很好，我拥有一份人人都会喜欢的炸鸡秘方，不知道餐馆要不要？我这么做是否划算？”随即他又想到：“我真是笨得可以，卖掉这份秘方所赚的钱还不够我付房租呢！如果餐馆生意因此提升的话，那又该如何呢？如果上门的顾客增加，且指名要点用炸鸡，或许餐馆会让我从中抽成也说不定。”

好点子固然人人都会有，但桑德斯上校跟大多数人不一样，他不但会想，而且知道怎样付诸行动。随之，他便挨家挨户拜访，把想法告诉每家餐馆：“我有一份上好的炸鸡秘方，如果你能采用，相信生意一定能够提升，而我希望能从增加的营业额里抽成。”

很多人都当面嘲笑他：“得了吧，老家伙，若是有这么好的秘方，你干嘛还穿着这么可笑的白色服装？”这些话是否让桑德斯上校打退堂鼓了呢？丝毫没有，因为他还拥有天字第一号的成功秘诀，我们称其为“能力法则”，意思是指“不懈地拿出行动”：每当你做什么事时，必得从其中好好学习，找出下次能做好的更好方法。桑德斯上校确实奉行了这条法则，从不为前一家餐馆的拒绝而懊恼，反倒用心修正说辞，以更有效的方法去说服下一家餐馆。

桑德斯上校的点子最终被接受，但你可知他先前被拒绝了多少次吗？整整1009次之后，他才听到第一声“同意”。在过去的两年时间里，他驾着自己那辆又旧又破的老爷车，足迹遍及美国每一个角落。困了就和衣睡在后座，醒来逢人便诉说他那些点子。他为人示范所炸的鸡肉，经常就是果腹的餐点。历经1009次的拒绝，整整两年的时间，有多少人还能够锲而不舍地继续下去呢？真是少之又少了，也无怪乎世上只有一位桑德斯上校。我们相信很难有几个人能受得了20次的拒绝，更别说100次或1000次的拒绝。然而，这也正是成功的可贵之处。

如果你好好审视历史上那些成大事、立大业的人物，就会发现他们都有一个共同的特点：不轻易为“拒绝”所打败而退却，不达成他们的理想、目标、心愿就绝不罢休。华特·迪斯尼为了实现建立“地球上最欢乐之地”的美梦，四处向银行融资，可是被拒绝了302次之多。今天，每年有上百万游客享受到前所未有的“迪斯尼欢乐”，这全出自于一个人的决心。

拒绝，就像攀岩者每一次凿出的脚窝、插进的钢钎，在支撑着我们朝顶峰前进；每一次拒绝，也像朋友们的提醒，让我们头脑清晰，认真踏好脚下的每一步，不至于中途失足；每一次拒绝，又像冲锋的号角，激起我们勇于攀登的斗志。只有不畏艰险、勇于攀登的人，才能到达光辉的顶点！

厚黑的成功之道

历史是一个幽默大师，它总是漫不经心地开着玩笑，让人感到它的深不可测、变化无常。

历史上的大奸大雄多数都是厚脸皮黑心肝，你说我无耻，我本来就是无耻的，怎么说都无所谓；你说我无赖，那是我的看家本领，靠的就是这个。

在秦末的群雄逐鹿中，有一个乡间的无赖组织了一伙人揭竿而起，却意外地捞到了皇冠，成就了帝业。他就是历史上有名的汉高祖刘邦。

刘邦文化水平低，又没有治军的经验，所以在战场上是个常败将军。指挥部队不同于耍无赖，那可是真刀实枪的功夫，没有本事光靠想当然是不行的，所以他常吃败仗，多次险些当了俘虏，但他很幸运，总是大难不死。刘邦打仗不行，但他有自知之明。他知道自己不行，就放手利用别人。他让张良、韩信、彭越、黥布等人放手去干，特别是他大胆地起用了韩信，为夺取天下奠定了基础。

刘邦虽然是个无赖，但并非没有长处，他在用到你的时候可以叫你爷，毕恭毕敬，下跪都行，当天下到手之后，他就翻脸不认人了。

刘邦的妻子是吕公的女儿吕雉，吕公是单父人，和沛县的县令是好友，吕公在家乡得罪了人，为了避仇来到沛县投奔县令，也就把家安在沛县。沛县的许多上层人物听说了他和县令的关系，便上门拜访，拉关系，套近乎。由于客人很多，就由在沛县担任主簿的萧何负责接待宾客，他宣布了一条规定：凡是贺礼钱不到一千钱的人，一律到堂下就座，就是说连屋里都不让进。

来祝贺的人都按贺礼钱数的多寡，找好了座位。刘邦虽然只是个亭长，地位很低，但平日跟县衙官吏们交往很多，说话也很随便，就假称立刻去拜见吕公，说："我要马上去拜会吕公，不能久等，请先给我记上贺礼一万钱!"接着递过去一封贺信。其实，他一文钱也没拿出来，只是为了避免尴尬的局面，就空言"一万钱"而慌忙去拜见吕公。

刘邦一进吕公的屋子，吕公就惊讶地站起身来，到门口迎接刘邦，领刘邦到上座位置坐下。这时，萧何走进来，连真带假地说："刘邦这人一贯好说大话，却很少真正办成事情。"刘邦明知萧何讽刺自己"万钱贺礼"是撒谎，却不以为然，照旧跟吕公谈笑风生。

吕公善于给人相面，他只顾端详刘邦的相貌，没太注意听萧何的话。众宾客见吕公跟刘邦很亲热，便跟刘邦亲热起来，刘邦于是跟众人谈笑风生。

人们祝贺完毕，就开始宴饮，酒过三巡菜过五味，祝贺的人逐渐离席而去。吕公担心刘邦也随众人离去，就用眼神示意，再三挽留，因而刘邦最后一个离席。

这次刘邦不但白吃一顿饭，酒足饭饱之后，吕公又将他盛情留下，提出将自己的女儿嫁给他为妻。刘邦自然同意，可是吕公的夫人却不愿意，骂吕公道："你常说这个女儿有出息，要嫁给贵人，沛县令要娶她你都不肯，怎么却嫁给毫无出息的刘邦?"吕公说："这不是你们女人家能知道的。"他还是把女儿嫁给了刘邦。

刘邦脸皮之厚，可见一斑。然而脸皮能值几个钱，刘邦和项羽争天下时，刘邦就是凭借着厚脸皮，在鸿门宴上讲尽项羽好话；他父亲身在楚营，项羽以他父亲性命相要挟，他竟然要分一杯羹；亲生儿女，楚兵追至，他能够推其下车。项羽就不同了，脸皮甚薄，鸿门宴上听好话多了就不好意思杀刘邦；本来中原失利后退至乌江，还可在江东发展，日后东山再起，无奈他脸皮太薄，来一句"无颜见江东父老"，自刎江边，刘邦就稳坐天下了。

我们在社会上跌打滚爬，也要记住这个经验，该出手时就不能客气，达到目的才是关键。

一句话感悟

树不要皮，必死无疑；人不要脸，天下无敌。我们在社会上摸爬滚打，也要记住这个经验。该出手时就出手，达到目的才是王道。

---

6. 不适应，天地再宽也没有你容身之地

适应环境与保持自我

当屈原形容枯槁，行吟泽畔时，他内心忍受着烈火的煎熬——是如渔民所言，“哺其糟而啜其醴”，还是“自令见放”，“宁赴清流而长终”？最终，汨罗河水奏着幽怨的悲歌，将他这个赤子拥抱入怀。屈原，他选择了保持自我，成就了一世英名，留下了千古慨叹。

其实，历史长河，大浪滔滔，面对是“适应环境”还是“保持自我”这种考验的，又何止屈原？司马迁惨遭宫刑，遭受奇耻大辱，是保名而亡，还是屈己而存？钱学森身处“留学就是为了出国”的大环境，是顺应大流留在国外，还是遂志决意归国？布鲁诺面对熊熊烈焰，是改变自己，听命教皇，还是保持自我，英勇献身？

这些杰出的历史人物由于他们保持自我、坚守原则的执著，他们的个性保存了，他们的事迹流传了。保持自我的他们终究发扬了自我，实现了自我。

如今我们同样需要对此作出明智抉择。当你抱怨社会制度不健全时，你是抱怨逃避还是迎头顺之，进而治之？当你痛恨自己生不逢时时，是自怨自艾甚至自戕，还是审时度势，调整方向，立于时代制高点？

面对环境，达尔文说：物竞天择，适者生存。但是，作为人类的我们，面对环境，又不能只是被动地适应，而更应该在适应环境的同时不忘自我、保持自我、发展自我。

环境，这个始终环绕于人类周围的空气，注定了谁也不可能逃避它。佛说："山不过来，你就走过去。"是啊，山不过来，你就走过去。走过去，主动的是你，获得成功的也是你，与这个不会动的环境——山，相亲和的也是你。这时，你适应了环境。

面对岿然不动的山，何必感叹自己的渺小与无奈？没有比人更高的山，没有比脚更长的路，有的只是主动适应、灵活伟大的人。司马迁，忍辱负重，在屈辱的环境中周旋人生，保持了独立自我，成就了鸿篇巨著，书写了不朽人生。钱学森，不顾阻力重重，不慕他人选择，毅然坚守信念，归国报效。

当然，适应环境，决不意味着屈服于环境，抛弃自我，不是随波逐流，哺其糟而啜其醴；保持自我也不是固步自封，夜郎自大，固执己见。

布鲁诺，让自己对真理对科学的执著，化为燃烧在自己身上的熊熊烈火，照亮中世纪愚昧而黑暗的夜空。千百年来，无数人为之感慨动容。而大清帝国，不明白世界形势，不顺应国际环境，一味强调自己大国尊严，国力日衰，民族式微。

中医有一句话："行方慧圆，胆大心细。"面对复杂环境，我们也要用"圆"的智慧，推行"方"的自我，既积极适应环境，又努力保持自我，最终求得二者的双赢。

你可以改变所处的环境

一位哲人曾经说过："并不是每一次不幸都是灾难，早年的逆境通常是一种幸运。与困难作斗争不仅磨砺了我们的人生，也为日后更为激烈的竞争准备了丰富的经验。"逆境常常能锻炼人们的意志，一旦具备了像钢铁一般的意志，成功对于我们而言，也是理所当然的事情了。事实上，每一位杰出人物的成长道路都不是一帆风顺的。正是他们善于在艰难困苦中向生活学习，磨砺意志，才能在最险峭的山崖上扎根，成长为最伟岸挺拔的大树，昂首向天。

大约在两个半世纪以前，在法国里昂的一个盛大宴会上，来宾们就一幅绘画到底是表现了古希腊神话中的某些场景，还是描绘了古希腊真实的历史画面，彼此间展开了激烈的争论。看到来宾们一个个面红耳赤，吵得不可开交，气氛越来越紧张，主人灵机一动，转身请旁边的一个侍者来解释一下画面的意境。

这是一个地位卑微的侍者，他甚至根本就没有发言的权利。来宾们对主人的建议感到不可思议，结果却大大出乎人们的意料，这位侍者的解释令在座的客人大为震惊，因为他对整个画面所表现的主题作了非常细致入微的描述。他的思路非常清晰，理解非常深刻，而且观点几乎无可辩驳。因而，这位侍者的解释立刻解决了争端，所有在场的人无不心悦诚服。

大家对侍者一下子产生了兴趣。

"请问您是在哪所学校接受教育的，先生?"在座的一位客人带着极其尊敬的口吻询问这位侍者。

"我在许多学校接受过教育，阁下。"年轻的侍者回答说，"但是，我在其中学习时间最长，并且学到东西最多的那所学校叫做'逆境'。"

这个侍者的名字叫做让·雅克·卢梭。他的一生确实都是在逆境中度过的。早年贫寒交迫的生活，使得卢梭有机会成为一个对整个社会的方方面面有着深刻认识的人，尽管他那时只是一个地位卑微的侍者。然而，他却是那个时代整个法国最伟大的天才，他的思想甚至对今天的人们仍有着重要的影响。让·雅克·卢梭的名字，和他那闪烁人类智慧火花的著作，就像暗夜里的闪电一样照亮了整个欧洲。

这一切伟大成就的取得，莫不得益于那所叫做“逆境”的学校。

“逆境”是最为严厉、最为崇高的老师，它用最严格的方式教育出最杰出的人物。一个人要获得深邃的思想，或者要取得巨大的成功，就要善于从艰难穷困中摒弃浅薄。不要害怕苦难，不要鄙夷不幸。往往不幸的生活所造就的人，才会深刻、严谨、坚忍并且执著。

很多人也许心存愤懑，抱怨命运的不公平，抱怨环境对自己的不利影响，那么，读一读英国著名作家威廉姆·科贝特当年如何学习的事，一定能让你停止这类抱怨。

科贝特回忆说：“当我还只是一个每天薪俸仅为6便士的士兵时，我就开始学语法了。我铺位的边上，或者是专门为军人提供的临时床铺的边上，成了我学习的地方。我的背包也就是我的书包。把一块木板往膝盖上一放，就成了我简易的写字台。在将近一年的时间里，我没有为学习而买过任何专门的用具。我没有钱来买蜡烛或者是灯油。在寒风凛冽的冬夜，除了火堆发出的微弱光线之外，我几乎没有任何光源。而且，即便是就着火堆的亮光看书的机会，也只有在轮到我值班时才能得到。为了买一支钢笔或者是一叠纸，我不得不节衣缩食，从牙缝里省钱，所以我经常处于半饥半饱的状态。”

“我没有任何可以自由支配的用来安静学习的时间，我不得不在室友和战友的高谈阔论、粗鲁的玩笑、尖利的口哨声、大声的叫骂等等各种各样的喧嚣声中努力静下心来读书写字。要知道，他们中至少有一半以上的人属于最没有思想和教养、最粗鲁野蛮、最没有文化的人。你们能够想象吗？”

“为了一支笔、一瓶墨水或几张纸，我要付出相当大的代价。每次，揣在我手里的用来买笔、买墨水或买纸张的那枚小铜币，似乎都有千钧之重。要知道，在当时看来，那可是一笔大数目啊！当时我的个子已经长得像现在这般高了，我的身体很健壮，体力充沛，运动量很大。除了食宿免费之外，我们每个人每周还可以得到两个便士的零花钱。我至今仍然清楚地记得这样一个场面，回想起来简直就是恍如昨日。有一次，在市场上买了所有的必需品之后，我居然还剩下了半个便士，于是，我决定在第二天早上去买一条鲱鱼。当天晚上，我饥肠辘辘地上床了，肚子在不停地咕咕作响，我觉得自己快饿得晕过去了。但是，不幸的事情还在后头，当我脱下衣服时，我竟然发现那宝贵的半个便士不知道在什么时候已经不翼而飞了！我一下子如五雷轰顶，绝望地把头埋进发霉的床单和毛毯里，就像一个孩子般伤心地号啕大哭起来。”

但是，即便是在这样贫困窘迫的不利环境下，科贝特还是坦然乐观地面对生活，在逆境中卧薪尝胆、积蓄力量，坚持不懈地追求着卓越和成功。

科贝特后来成为了著名的作家。艰难的环境不但没有消磨他的意志，反而成为他不断前进的动力。他说：“如果说我在这样贫苦的现实中尚且能够征服艰难、出人头地的话，那么，在这个世界上还有哪个年轻人可以为自己的庸庸碌碌、无所作为找到开脱的借口呢？”

读到这里，你是否感觉到心灵一震，那好，如果你想出人头地的话，就让一切借口和抱怨都见鬼去吧！

卢梭和科贝特，出身都贫穷艰难，然而，真正杰出的人物总是能突破逆境，崛起于寒微。艰难的环境既能毁灭人，也能造就人；不过，它毁灭的是庸人，而造就的往往是伟人！

一句话感悟

面对复杂的环境，我们要用“圆”的智慧，推行“方”的自我。正所谓“改变不了环境，就学会改变自己。”并很快地适应它，最终求得二者双赢。

---

7. 懒惰，天上永远也掉不下馅饼

懒惰是人的天性

如果你可以舒舒服服地坐着，你会不会让自己站着？如果你今天可以9点起床，你会不会强迫自己7点起床？如果某项工作可以放到明天做，你会不会今天非要加班把它做完？你不会，大部分人都不会。

实际上，从人性的角度讲，懒惰是人的天性，世界上大部分人都是懒惰的，甚至可以说每个人内心深处都有懒惰的一面，种着懒惰的基因。人类的懒惰本能可以使自我躯体在适当的时候获得放松，从而恢复机体活力并获得再次投入工作的力量。

也许，人类每天需要睡觉就是懒惰基因做的怪；也许，人类社会的双休日、节假日制度的设立也是懒惰基因的功劳。

现代人的辛勤与忙碌，大多是被压力所迫而不是出自其本意，如果不用工作就可以衣食无忧，相信很少有人会选择天天去上班，更不用说辛勤与忙碌了。

当然，从积极的角度来讲，懒惰作为人性的普遍存在，某种程度上也促进了人类社会的进步。我们甚至可以说，是懒惰促进了人类的创造和进步：因为懒得洗衣服，所以发明了洗衣机；因为懒得走路，所以发明了汽车；因为懒得做饭，所以发明了电饭煲、微波炉和电烤箱；因为懒得看报纸，所以发明了电视机；因为懒得逛超市，所以发明了网上购物……

由此可见，很多的发明创造是由懒惰引发的，对全人类的文明和进步，懒惰还真的功不可没。

不过，虽然很多发明是以懒惰为起源，但试想如果每个人都想更舒服地生活，而懒惰得不去动脑子、不去想办法，人类社会也就不会有那么多发明创造了。

因为发明创造是为懒惰的人发明和服务的，但决不是懒惰的人发明的。

毕昇发明了活字印刷，是因为他有着丰富的印刷经验，有着勤劳的工作态度，有着善于思考的习惯，而不是因为他懒惰。同样，一生有2000余项发明的爱迪生为了发明电灯，阅读了大量的图书资料，光笔记就达400多页，试验过的灯丝材料超过6000种；爱迪生发明的电池，更是花了他整整10年的时间，经过5万多次实验。如果毕昇和爱迪生是懒惰的人，我们现在可能还生活在手抄本和煤油灯的年代。

“笨人”更离不开勤奋

阎若璩是清朝著名的考据学家。他从小口吃，说起话来结结巴巴的，脑子也非常笨拙，理解力很差。他6岁上学时，老师教过一篇课文，同学们读上几遍就能背诵，但阎若璩读了几百遍还是背不下来，因此常常挨板子。阎若璩虽然经常皮肉受苦，但他始终没有放弃努力。他相信功到自然成，只要自己比别人更用心，更勤奋，就一定能够赶上其他同学。晚上放学回家，吃过晚饭后，他就在灯下十遍百遍地读书，一定要把当天所学的课文背下来才睡觉。就这样，天赋较差的阎若璩不但赶上了同学，更是慢慢地超过了他们。15岁那年，阎若璩已经读了很多书。为了把读过的书彻底弄清楚，他对书中的疑难问题逐字逐句地进行考证注释，并用小字写在书的边上。凭借用心和勤奋，他慢慢地摸索出一套考据学理论，成了一位非常有名的考据学家。

在国外，同样有很多像阎若璩那样凭借用心和勤奋而功成名就的人士。英国化学家汉夫雷·戴维算不上命运的宠儿，他出身贫寒，接受教育和学习科学知识的机会都很有限。然而，他是一个用心、勤奋的小伙子。当他在药店工作的时候，他甚至把旧的平底锅、水壶和各种各样的瓶子都用来做实验，执著地追求着科学真理。后来，他以电化学创始人的身份出任了英国皇家学会会长。

约翰·沃纳梅克在年轻的时候每天都要徒步 4 公里走到费城，他在那里的一家书店打工，每周的报酬是 1 美元 25 美分，即便条件如此艰苦，但他仍勤奋地工作。后来，他又转到一家制衣店打工，每周增加了 25 美分的工资。就是从这样的起点开始，他不断努力向上，终于成为美国最大的商人之一。1889 年，他还被当时的美国总统哈里森任命为邮政总局局长。

一个用心、勤奋的人才会懂得人生的乐趣，因为通过自己的劳动获得的面包，吃起来比别人送给的食物更加香甜。

很久以前，在泰国有个叫奈哈松的人，他的心愿是成为一个大富翁。他觉得成为富翁的捷径便是学会炼金术，于是他把全部的时间、精力都用于研究炼金术。几年后，他花光了自己的全部积蓄，家中变得一贫如洗，连饭都吃不上了。奈哈松的妻子跑到父母那里诉苦，岳父母决定帮助女婿改掉恶习，便让奈哈松前来相见。岳父母对奈哈松说："我们已经掌握了炼金术，只是现在还缺少一样炼金的东西。"

"快告诉我，还缺少什么？"奈哈松急切地问。

"那好吧！我们可以让你知道这个秘密，我们需要 5 公斤从香蕉叶下收集起来的白绒毛，这些白绒毛必须是你自己种植的香蕉树上的。等到收齐白绒毛，我们便告诉你炼金的方法。"

奈哈松回家后，立刻在已经荒废多年的土地里种上了香蕉。为了尽快凑齐白绒毛，他除了种自己家以前就有的地外，还开垦了大量的荒地。当香蕉成熟时，他小心翼翼地从每片香蕉叶下收集白绒毛，而他的妻子和儿女则抬着一串串香蕉到市场上去卖。

就这样，10 年过去了，奈哈松终于收集到了 5 公斤白绒毛。他一脸兴奋地拿着白绒毛来到岳父母家里，向岳父母讨要炼金术。岳父母指着院中的一间房子说："去把那边的房门打开看看吧！"奈哈松打开那扇门，看到房子里全是黄金，妻子和儿女都站在屋中。妻子告诉他，这些黄金是他这 10 年里所种的香蕉换来的。面对着满屋金光闪闪的黄金，奈哈松恍然大悟。从此以后，他更加勤奋地劳作，终于成了远近闻名的大富翁。

"勤能补拙是良训，一分辛苦一分才。"现实生活中，我们都有梦想，都渴望成功，都想寻找一条捷径让自己平步青云。但捷径不是每个人都能找到的，对于更多的人来说，用心做事、勤奋耕耘才是正道。

一勤天下无难事

《论语》中曾提到，"一勤天下无难事"；"勤有功，戏无益"。生活中很多事情就是这样，只要你有坚定勤奋的决心，就没有办不成的事。

华人富豪王永庆，15 岁小学毕业后被迫辍学，一个人背井离乡，来到台湾南部的一家米店当小工。聪明伶俐的王永庆虽然年纪小，却不满足于当学徒，除了完成送米的工作外，他还悄悄观察老板怎样经营米店，学习做生意的本领，因为他也想有一家米店。

第二年，王永庆请父亲帮他借了 200 元台币，以此为本钱，他在自己的家乡嘉义开了家小米店。开始经营时困难重重，因为附近的居民都有固定的米店供应。王永庆只好一家家登门送货，好不容易才争取到几家住户同意用他的米。他知道，如果服务质量比不上别的店，自己的米店就要关门。于是，他特别在"勤"字上下工夫，趴在地上把米中的杂物一点点拣干净。

有时为了多争取一个用户，多一分钱的利润，他宁愿深夜冒雨把米送到客户家中。他的服务态度很快赢得了一部分客户的信任，大家主动替他做宣传，使他的业务逐渐开展起来。

不久，王永庆又开设了一个小碾米厂。由于他处处留心，经营艺术日渐高超，加上他勤快能干，每天工作十六七个小时，克勤克俭，业务范围逐渐拓宽。此后又开办了一家制砖厂。

王永庆现在已成为台湾传奇式的人物，成功的原因之一，正是王永庆本人常常提及的“一勤天下无难事”的道理。王永庆有一次在美国华盛顿企业学院演讲时，谈到了他一生的坎坷经历。他说：“先天环境的好坏，并不足为奇，成功的关键完全在于一己之努力。”

王永庆在“勤”的业绩上写着如下记录：

——做米店学徒时，他工作之余，经常暗中观察老板的经营之术，学习做生意的本领。

——初开米店时，他趴在地上拣米中的沙子；冒雨给用户送米上门；每天工作十六七个小时。

——创办台塑时，他事必躬亲，吃苦耐劳，奋斗不懈，一步也不放松，一点也不偷懒，对事业兢兢业业。

古语历来有“勤能补拙”的良训，在此提及，不要以为是老生常谈而忽视它的重要性。勤奋，乃终身受用不尽的财产，更是奠定成功的基石。所以说，勤奋是成就事业的关键，做生意更是如此。只要你肯下苦功做别人不肯做不愿做的事，就能做别人做不成做不来的事，稳稳当当地赚钱。

日本著名的松下幸之助，在当学徒的 7 年当中，在老板的教导下，勤勉从事学艺，不知不觉地养成了勤勉的习性。正是因为这一习性的养成，别人认为是辛苦困难的工作，松下反而觉得快乐，他一生中始终一贯地勤勉努力，并把这一习性称之为终身不会脱离的财产。

当然，要做到一时勤快或许并不难，但要做到一生任劳任怨却不容易。勤奋使平凡变得伟大，使庸人变成豪杰。成功者的人生，无一不是勤奋创造、顽强进取的过程。实实在在付出心血，才会换来真正的享受。一生之计在于勤，而一个成功人生的关键，更在于及时努力，在有限的时间里努力向上。

一句话感悟

“勤能补拙是良训，一分辛苦一分收获。”我们每个人都有梦想，都渴望成功，但要现实它们的唯一途径就是勤奋耕耘。
